SDGsで始まる新しい食のイノベーション

山崎康夫

Let's SDGs

幸書房

はじめに

　SDGs という言葉がよく聞かれるようになり、以前に比べて人々は環境問題により関心を持ち、多くの個人的な行動を起こそうしています。SDGs の達成を目指す 2030 年まで残り 10 年を切り、社会課題解決への意識は食品産業の中でも急速に高まってきており、行政も積極的に推進しています。

　大企業・中小企業を含めた食品企業にとって、SDGs に取組むメリットは、①企業イメージの向上、②社会課題への対応、③新たな事業機会の創出 になります。SDGs の取組みをきっかけに、地域との連携、新しい取引先や事業パートナーの獲得、植物性由来の商品などの新たな事業の創出のイノベーションが生まれてきています。

　この本では、食品産業で働く人々に対して、SDGs はどのようなものか、食品産業にとっての SDGs はどうあるべきか、食品産業で働く我々は何を提案したらよいのか、SDGs を組織に導入するにはどのような手順で行えばよいのか、原料提供農家・食品製造・食品流通・食品卸・食品小売・消費者において、SDGs に関してどのような行動ができるのか、などを読者にわかりやすく、事例も交えて伝えるもので、食品産業で働く方の入門書となります。

　本書は 7 章で構成されており、その特徴と活用方法を述べてみます。

1. 「SDGs って何？」では、SDGs が生まれた背景や地球温暖化の問題から、SDGs を活用して全ての企業が変化していく可能性を示しています。
2. 「SDGs の目標と食品企業ができることは？」では、SDGs 17 の目標ごとに食品産業における適用方法を示し、食品関連企業の事例を示していますので、参考活用ができます。

3. 「SDGs はどうやって進めるの？」では、企業経営に SDGs を取り入れるステップを、SDG Compass を参考にしてわかりやすく事例を交えて紹介しています。

4. 「やはり食品ロス削減は大切！」では、食品産業が SDGs を適用するにあたり、最大の課題は食品ロス削減であり、あらゆる観点から食品ロス削減の方策を紹介しています。

5. 「食品産業に CO_2 削減って関係ある？」では、地球温暖化防止の観点から CO_2 削減は最も重要な課題であり、ゼロカーボンを目指して、今後食品産業がどこに向かうべきなのか指針を示しています。

6. 「SDGs で食のイノベーションを始めよう」では、SDGs を活用して食品産業でイノベーションを起こすことを提言するとともに、最近活性化が目覚ましいフードテックについて、様々な事例を交えて紹介しています。

7. 「私たち、SDGs を始めてます」では、実際に SDGs に取組んでいる、農業分野、食品工場関連、6 次産業化事例、食品産業支援事例から最先端をいく食料開発事例について紹介しています。

　本執筆は、2019 年 4 月から私の所属する中部産業連盟内に、中小企業に SDGs を広めていく目的で「SDGs プロジェクト」が発足し、そこでの研究が本書の発端となりました。研究会のメンバーに心より感謝申し上げます。また、本書の企画と出版にご尽力いただいた、株式会社幸書房の夏野雅博相談役、伊藤郁子さんをはじめ編集部の皆様にもお礼を申し上げます。

2021 年 11 月吉日

一般社団法人中部産業連盟

理事　山崎康夫

謝 辞

　本書執筆にあたり、お忙しい中取材対応いただき、また貴重なデータをご提供いただいた、多くの機関・企業様に心より感謝申し上げます。

項目	機関・企業名（掲載順）	項目	機関・企業名（掲載順）
1.1	全国地球温暖化防止活動推進センター	4.11	認定 NPO 法人　フードバンク山梨
1.2	株式会社パーソル総合研究所	4.12	株式会社クラダシ
1.4	SDGs 総研	4.13	大人なバナナプロジェクト
1.5	株式会社エイチ・アイ・エス	5.1	特定非営利活動法人
1.5	株式会社大川印刷		環境エネルギー政策研究所
1.6	株式会社パソナ	5.2	中日本農産株式会社
1.6	神保町コーヒープロジェクト	5.4	東京電力エナジーパートナー株式会社
2.1	フェアトレード・ラベル・ジャパン	5.5	日本 CCS 調査株式会社
2.2	グリンリーフ株式会社	6.5	元禄産業株式会社
2.4	株式会社マルイ	6.5	大塚食品株式会社
2.5	あさひ製菓株式会社	6.6	株式会社アールティ
2.6	サントリーホールディングス株式会社	6.8	株式会社 SENTOEN
2.7	株式会社アレフ	6.8	デイブレイク株式会社
2.10	社会福祉法人ベテスタ	7.1	inaho 株式会社
2.10	株式会社シジシージャパン	7.3	有限会社シュシュ
2.12	マルハニチロ株式会社	7.4	株式会社 DG TAKANO
2.12	UCC 上島珈琲株式会社	7.5	株式会社 J- オイルミルズ
2.14	雪印メグミルク株式会社	7.6	FUTURENAUT 株式会社
2.14	株式会社永谷園ホールディングス	7.6	敷島製パン株式会社
4.1	公益社団法人　国際農林業協働協会	7.6	株式会社良品計画
4.7	一般財団法人　日本気象協会	7.7	培養食料研究会
4.10	山崎製パン株式会社	7.7	特定非営利活動法人　日本細胞農業協会

目　　次

3. SDGs はどうやって進めるの？

4. やはり食品ロス削減は大切！

5. 食品産業に CO$_2$ 削減って関係ある？

6. SDGs で食のイノベーションを始めよう

7. 私たち、SDGs を始めてます

1.

Let's SDGs

SDGs って何？

Let's SDGs　1.1 SDGsとは何だろう

持続可能な社会を目指して

　SDGs（Sustainable Development Goals）は持続可能な開発目標と呼ばれ、先進国・途上国すべての国を対象に、経済・社会・環境の3つの側面のバランスが取れた社会を目指す世界共通標であり、貧困や飢餓、水や保健、教育、医療、言論の自由やジェンダー平等など、人々が人間らしく暮らしていくための社会的基盤を、2030年までに達成するという目標になっています。

　17のゴール（目標）とそれぞれの下に、より具体的な169項目のターゲット（達成基準）があります（**図表1.1.1**）。SDGsの根幹にある「持続可能な開発」とは、「将来世代のニーズを損なわずに、現代世代のニーズを満たす開発」のことを表し、あらゆる分野における社会の課題と長期的な視点でのニーズがつまっています。

　SDGsは、ビジネスの世界での共通言語になりつつあり、これらのゴールを達成するために、企業においても取組みが広がってきています。特に、大企業ではサプライチェーン全体の見直しを始めており、関連するサプライヤーにも影響が広がっ

図表1.1.1　SDGsの17のゴール

出典：国際連合広報センター

2

てきています。中小企業においても同様に、今後さらに広がりを見せることは間違いありません。

　気候変動や生物多様性の損失、貧困や格差、紛争や人権侵害など、世界には様々な課題が溢れています。それらを解決に導き、より良い未来を目指すために世界が合意した目標、それが「SDGs」と「パリ協定」です。

　パリ協定は、2020年以降の温室効果ガス排出削減などのための新たな国際枠組であり、産業革命前と比べて気温の上昇を2℃よりも十分低く、さらには1.5℃以内に抑えることを目指すという目標を掲げています。SDGsは抜本的な対策としてのSBT（温室効果ガス）削減目標設定を含めて、世界各国が、この目標の取組みを示しています（**図表 1.1.2**）。これによると、日本の削減目標は、2030年までに2013年度比で26%削減することになっています。

図表 1.1.2　各国の温室効果ガス削減目標

出典：全国地球温暖化防止活動推進センター
　　　国連気候変動枠組条約に提出された約束草案より抜粋

持続可能な社会を目ざして | SUSTAINABLE DEVELOPMENT

Let's SDGs　1.2 SDGs の取組みに日本と世界の未来を託して

温暖化と人口高齢化

　2015 年の 9 月にニューヨーク国連本部において、国連持続可能な開発サミットが開催され、150 を超える加盟国首脳の参加のもと、「我々の世界を変革する：持続可能な開発のための 2030 アジェンダ」が採択されました。アジェンダは、人間、地球および繁栄のための行動計画として、宣言および目標を掲げています。

　「すべての国とすべてのステークホルダー（利害関係者：消費者、従業員、株主、仕入先、得意先、地域社会、行政機関など）は、協同的なパートナーシップの下、この計画を実行する。私たちはこの共同の旅に乗り出すにあたり、誰一人取り残さないことを誓う」

　全世界で地球温暖化の傾向は、確実に表れてきています。20 世紀末頃と比べて、有効な温暖化対策をとらなかった場合、

図表 1. 2. 1　1986 年～ 2005 年平均気温からの気温上昇

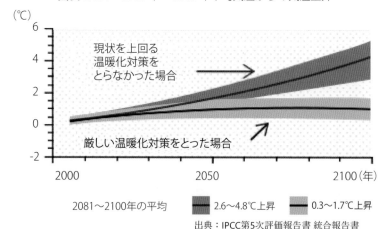

出典：IPCC第5次評価報告書 統合報告書
政策決定者向け要約　図SPM.1(a)より環境省作成

出典：環境省

21世紀末の世界の平均気温は、2.6～4.8℃上昇、厳しい温暖化対策をとった場合でも0.3～1.7℃上昇する可能性が発表されています（**図表1.2.1**）。

その影響で、農産物の減収・品質低下、大規模災害の発生、生活・作業環境の悪化が推定されます。世界人口は2030年には82～89億人と増加し、資源の争奪戦が発生します。日本においても、SDGsを活用して、この地球温暖化に対応していく必要があります。

一方、日本の人口は減少を続け、労働力不足および国内需要の減退が想定されます。2030年には644万人の人手不足が推定されています。特に医療・福祉分野とサービス分野で労働力が不足します（**図表1.2.2**）。労働力不足の対応としては、女性活用やシニア活用が考えられます。これについても、SDGsの考え方を推し進めて労働力の増加対策をしていく必要があります。

5

図表1.2.2 2030年の産業別労働力不足数

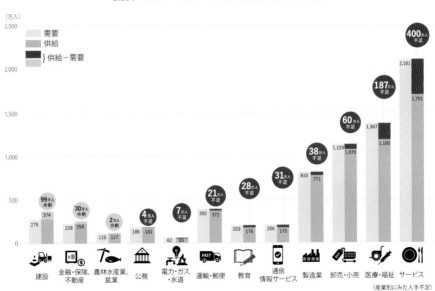

出典：株式会社パーソル総合研究所

持続可能な社会を目ざして | SUSTAINABLE DEVELOPMENT

Let's SDGs　1.3 SDGsで地方の自然を大切にしながら活性化へ

　日本における地方部においては、少子高齢化と東京一極集中により人口減少が急速に進んでおり、「人口減少が地域経済の縮小を呼び、地域経済の縮小が人口減少を加速させる」という悪循環の連鎖に陥るリスクが高まっています。地方が将来にわたって成長力を確保するには、人々が安心して暮らせるような、持続可能なまちづくりと地域活性化が重要です。

　一方、SDGsの取組みはイノベーションや長期安定的な経済成長をもたらすことになります。政府としてSDGs推進本部を設置し、「持続可能なSDGs実施指針」および「SDGsアクションプラン」が決定され、その中で「SDGsを原動力とした地方創生」がひとつの柱とされました。

　すなわち、SDGs未来都市、地方創生SDGs官民連携プラットフォーム、地方創生SDGs金融などを通じ、SDGsを原動力とした地方創生を推進することが提唱されています（**図表1.3.1**）。この中で、SDGs未来都市（地方創生につながる自治体SDGsとして、地域のステークホルダーと連携し、SDGs達成に向けて戦略的に取組んでいる地域・都市）を2024年に210都市に増やす目標を設定しています。

図表 1.3.1　地方創生に取組む事業拡大

出典：内閣府 地方創生推進事務局
　　　地方創生に向けた SDGs の推進について

6

　2019 年に SDGs 未来都市に選ばれた郡山市の事例では、新しい農業の創出や新しい市場への進出の支援項目として、農作業の省力化、高品質化を図るため、水稲や果樹生産にアグリテック（農業領域で ICT 技術を活用し、農業を活性化する取組み）をモデル的に導入することを計画しています。

　一方、地方を活性化するにあたり、地方の自然を守ることが大前提になります。すなわち、2021 年 2 月に英ケンブリッジ大学のダスグプタ名誉教授が出した報告書「生物多様性の経済学：ダスグプタ・レビュー」による考え方を地方に取り入れていきます。

　本レビューでは、「人間は自然の外部にあるのではなく、人間も経済も、自然の内部に組み込まれている」と述べています。これまで人間は、技術的な進歩によって、自然の限界を克服することが可能であるように考えてきましたが、経済発展のためには自然そのものの存在を認め、社会を形成していくべきと論じています。

　2021 年 6 月に開催された G7 首脳会合では、2030 年までに生物多様性の減少の回復を約束した「ネイチャー・コンパクト（自然協約）」が発表され、自然資源の持続可能な利用とともに、自然に投資しネイチャーポジティブな経済の促進を表明しています。すなわち、経済的成功の基準を人工資本と人的資本から変化させ、自然資本を含む指標のひとつにし、金融と教育の制度のなかに自然を組み込むことになります。

　このように、地方経済を活性化していくにあたり、本レビューの考え方が SDGs を活用した経済発展の主流になってくると思われます。

持続可能な
社会を目ざして ∣ SUSTAINABLE
DEVELOPMENT

Let's SDGs 1.4 SDGsはすべての企業に 変化を求めている

SDGsへの社会的関心が高まる現在、その取組みは企業イメージを向上するブランディングに直結します。一般的に、予算や人材が豊富な大企業に比べて、中小企業のブランディングは不利とされていますが、SDGsを通したブランディング活動は、身近で小規模なことからでも始められるというのが利点です。

事業が多岐にわたる大企業では、SDGsの取組みテーマの決定やトップのコミットメントを得るまでに時間を要します。その点、中小企業はスピーディーに物事を進行できます。また、事業規模の面でも取組みテーマを絞りやすく、社内での意思疎通も迅速です。

中小企業の多くは、地域に根ざした企業です。地方の企業であれば、地域の人々や自治体と一丸となったSDGsの取組みが実現するかもしれません。SDGsの実践によって、地域のSDGs拠点として認められていく可能性が生まれます。また、自治体によっては、地元企業のSDGsの活動に補助金の制度を設けている場合もあります。SDGs未来都市構想は、「自治体SDGsモデル事業」として先導的な取組みの10事業を選定し、資金的に支援しています（**図表1.4.1**）。

図表1.4.1 SDGs未来都市における取組み

出典：内閣府地方創生推進事務局
　　　地方創生に向けた自治体SDGs推進事業

8

　SDGs を意識した企業活動が世界標準となりつつあるなかで、将来的に、SDGs への対応が企業間の取引条件になる可能性も否めません。中小企業にとって、今から SDGs への対応をスタートさせておくことは、事業機会を広げるメリットこそあれ、デメリットはありません（**図表 1.4.2**）。むしろ、SDGs に対応していることで、先進的な中小企業として、新たなパートナーシップを生む可能性もあります。

　この事業機会の中で食品に関連する項目として、①食品廃棄物、②農業ソリューション、③森林生態系サービスの 3 つが挙げられています。特に食品廃棄物のテーマは、食品ロスの削減に繋がるので、食品関連企業にとりニーズが確実にある項目です。

図表 1.4.2　SDGs に関する事業機会

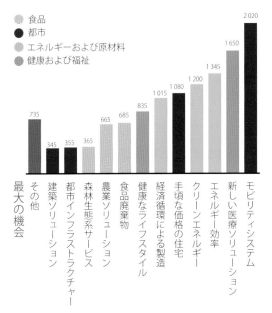

▲2030年における漸増的市場機会の価値
10億米ドル単位：2015年の数値

出典：SDGs 総研

持続可能な社会を目ざして　SUSTAINABLE DEVELOPMENT

9

Let's SDGs　1.5 SDGs は個から地域・企業も変えていく

　SDGs の認知はビジネスマンや自治体職員だけに留まらず、今では小中学生から年輩の方の間でも広まりつつあります。そんな中、個人で実施する「エコバッグやマイボトルを持ち歩く」「節電や節水を心がける」「マイカーの利用を控え、公共交通機関を使う」といった誰もが知っている取組み以外で、代表的な行動をいくつか紹介します。

　「貧困をなくそう」では、赤い羽根募金などに寄付をしたり、食材を子ども食堂に寄付します。「健康と福祉の推進」では、徒歩や自転車で通勤・通学することや、お年寄りに声かけをして健康状況を尋ねます。「あらゆる不平等をなくす」では、家事を平等に分担したり、男女バランスを考えて地域の役員を決めます。「CO_2 排出量の削減」では、電気を節約します。

　カーボン・オフセット旅行に申し込みます。カーボン・オフセットとは、自らの活動から排出される温室効果ガスの削減努力を行った上で、どうしても削減できない温室効果ガス排出量を他の場所で行われた削減・吸収活動に投資を行うこと（排出権の購入）によりオフセット（相殺）し、自らの排出に責任

図表 1.5.1　カーボン・オフセット旅行

	主なツアー行先	算定区間	CO2排出量 （往復）	1口でオフセット できる割合	100%オフに必要な 購入数
国内	屋久島	羽田～鹿児島間	245.6kg	163%	1口
		名古屋～鹿児島間	175.8kg	228%	1口
		伊丹～屋久島	203kg	197%	1口
		神戸～鹿児島	118.2kg	338%	1口
		福岡～屋久島	141kg	284%	1口
	小笠原	東京（竹芝）～小笠原（父島）	4.6kg	8696%	1口
		東京（竹芝）～小笠原（父島+母島）	4.8kg	8333%	1口
	利尻	羽田～稚内	278kg	144%	1口
	石垣島	羽田～石垣	502kg	80%	2口
	福島	新宿～福島	271kg	148%	1口
	奄美大島	新宿～奄美大島	293kg	137%	1口

各ツアーごとのCO2排出量

出典：株式会社エイチ・アイ・エス
　　　環境保全協力のご案内「カーボン・オフセット」（国内）

を持つ取組みです。旅行会社の HIS は環境保全協力の案内として、ホームページに一部の国内および海外ツアーにおけるカーボン・オフセット口数を掲載しています（**図表 1.5.1**）。

　「つくる責任、使う責任」では、食べ残しをしない、余り食材を活用します、環境に配慮した製品を購入します。「海洋資源の保全」では、レジ袋やプラスチック製品を使わないようにします、海や川に行ったらごみは持ち帰ります。

　また、会社の中で、個人が主体的に SDGs に関するアイデアを発信することで、会社がそれらを方針の一部に取り入れれば、SDGs がより推進します。事例として、大川印刷の SDGs 経営計画策定ワークショップがあります。従業員が全員参加で、ボトムアップ型で計画を策定しています。そうすることで、参画意識の高い活動になります（**図表 1.5.2**）。

　また、同社の大川社長が横浜市主催の「横浜リデュース委員会」でサルベージ式料理を体験したのがきっかけで、社内での実施を思いつきました。サルベージ（salvage）とは、「救済する」という意味で、食べ切れない食材や賞味期限が近い食材を使って調理することで、そのままだったら捨てられてしまう食材を有効活用するということです。社員一人ひとりがサルベージ食材を持ち寄り、忘年会で調理しながら食べることで、食品ロスの削減も同時に理解できるという試みです。

図表 1.5.2　大川印刷の SDGs 経営計画策定ワークショップ

出典：株式会社大川印刷

持続可能な
社会を目ざして | SUSTAINABLE
DEVELOPMENT

11

Let's SDGs　1.6 SDGs を担う人づくりが始まっている

　ミレニアル／Z 世代は、幼少期から「リサイクル」や「地球温暖化」、「地球環境」といった SDGs の関連ワードに接してきており、こうした社会課題に目を向ける機会を持ってきました。同世代は、1980 年代から 2000 年代初頭までに生まれた人をいうことが多く、インターネットが普及した環境で育った最初の世代で、情報リテラシーに優れ、自己中心的であるが、他者の多様な価値観を受け入れ、仲間とのつながりを大切にする傾向があるとされています（**図表 1.6.1**）。

　ミレニアル／Z 世代は、SNS で気軽に情報サーチできることから、自分たちの将来の生活に関わる環境問題やそれに対する企業の取組みに関して敏感です。企業自体が自然環境保護に対する姿勢を見せていくことで、早期から「エコ」や「リサイクル」といった教育を受けているミレニアル／Z 世代の若者たちの心をつかむことになります。就活生が企業選びで最も重視する「将来性のある会社」を探す指標のひとつとして、企業がSDGs にどれだけ積極的に関わっているかが重要視されます。

12

図表 1.6.1　ミレニアル世代と Z 世代の特徴

	ベビーブーム世代	X 世代	ミレニアル世代 （Y 世代）	Z 世代
出生時期（※）	1946 年〜 1964 年	1965 年〜 1980 年	1981 年〜 1996 年	1997 年〜
年齢	56 〜 74 歳	40 〜 55 歳	24 〜 39 歳	18 〜 23 歳
代表的な製品 デバイス	テレビ	パソコン	スマートフォン / タブレット	AR/VR/3D プリンタ / ウェアラブル端末
コミュニケーショ ンメディア	電話	電子メール /SMS	SMS/SNS	SMS/SNS
特徴・傾向	私生活より仕事・ 組織優先 / 熱心な 働き手世代	前世代よりは独立 心・順応性が高く、 情報技術に精通 / ワークライフバラ ンス重視	多様性に富んだ世 代 / 社会意識が高 い / 前世代より情 報技術に精通（デ ジタルネイティブ）	前世代と同傾向が 多い / 完全なスマ ホ・SNS 世代（ソー シャルネイティブ）

出典：株式会社パソナ

　また、大学で学生たちに身近なところから、SDGsを実践教育をする試みが出てきました。ここでは、千代田区の神田神保町発でさまざまなコーヒーの情報発信をしていく「神保町コーヒープロジェクト」を紹介します。明治大学情報コミュニケーション学部の島田剛ゼミ（**図表1.6.2**）が2020年度から開始したもので、コーヒーを軸にした「神保町の街づくり」を通してSDGsに取組んでいます。

　明治大学から近い神保町地域は、とても魅力に溢れた街です。世界一の古本屋とともに、古くからある純喫茶が多く、他にはない街並みを形成しています。神保町のカフェや喫茶店で多くの人が街を楽しんでもらえることが、街づくり全体に役に立つと考えてプロジェクトを始めました。ホームページ（https://jimbocho-coffee.com）では、神保町コーヒーマップとともに、店舗の紹介コーナーもあります。

　同プロジェクトは、株式会社ミカフェート（José.川島良彰社長）とのコラボレーションで、明治大学SDGsコーヒーを販売しています（**図表1.6.3**）。コーヒー豆は、コロンビアのフェダール農園からのもので、ここでは障がい児を持つ親を中心とした財団が設立した施設で、子どもから大人までの約100名以上の障がい者が、就学と就労をしています。

図表1.6.2　明治大学・島田剛ゼミ

出典：神保町コーヒープロジェクト

持続可能な
社会を目ざして | SUSTAINABLE DEVELOPMENT

施設内にコーヒー畑があり、コーヒーのチームが栽培に携わっています。現地スタッフは、「障がい者施設が作ったコーヒーだから買ってあげようではなく、おいしいから買いたいと思われるコーヒー作りを目指しています」と語り、島田ゼミの学生たちは、この言葉によりフェダール農園との協力を決意しました。

図表 1.6.3　明治大学 SDGs コーヒー

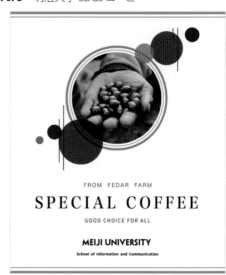

出典：神保町コーヒープロジェクト

2.

Let's SDGs

SDGsの目標と
食品企業が
できることは？

Let's SDGs　2.1 食を通じた助け合いで 貧困による格差縮小を

【目標1】「あらゆる場所のあらゆる形態の貧困を終わらせる」とありますが、食品産業に当てはめてみると、個人所得が食事の内容に影響する「食の格差」があります。厚生労働省の「国民健康・栄養調査結果の概要」によると主食・主菜・副菜を組み合わせた食事を食べる頻度が「ほとんど毎日」と回答した者の割合は、世帯の所得が600万円以上の世帯員に比較して、男女ともに200万円未満の世帯員で有意に低いデータがあります（**図表2.1.1**）。

　子ども食堂は、子どもが1人でも行ける無料または低額の食堂であり、子どもへの食事提供から孤食の解消や食育、さらには地域交流の場などの役割を果たしています。子ども食堂は民間発の自主的かつ自発的な取組みで、2012年、東京都大田区の八百屋さんの取組みがスタートとされています。誕生から8年間で、その数は全国3,700カ所を超え、その社会的意義は大

図表2.1.1　所得と食生活などに関する状況

所得と主食・主菜・副菜を組み合わせた食事の頻度の状況（20歳以上）

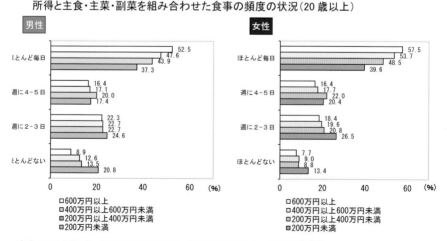

出典：厚生労働省　平成30年国民健康・栄養調査結果より、加工して作成

きくなってきています。

　また、フェアトレード（Fair Trade：公平貿易）とは、発展途上国でつくられた農作物や製品を適正な価格で継続的に取引することにより、生産者の生活を支える 貿易の在り方です。すなわちフェアトレードは、私たち消費者が日常生活でコーヒーやバナナ、チョコレートなど、商品の購入 から生産者の生活を支えられる取組みで、貧困課題の解決策のひとつとして、世界中で広がっています。

　ヨーロッパや北米で広がるフェアトレードは、明確な基準と監査に基づく、「国際フェアトレード認証ラベル製品」と認識されるまで普及しています（**図表 2.1.2**）。私たち一人ひとりがフェアトレード製品を購入することは、小規模生産者と労働者の生活とコミュニティを改善することにつながります。

　国際フェアトレード基準の最大の特徴は、生産コストをまかない、かつ経済的・社会的（安全な労働環境など）・環境的（土壌、水源、生物多様性の保全など）に持続可能な生産と生活を支える「フェアトレード最低価格」と生産地域の社会発展のための資金「フェアトレード・プレミアム（奨励金）」を生産者に保証している点です。

17

図表 2.1.2　国際フェアトレード認証ラベル

出典：フェアトレ　ド・ラベル・ジャパン

持続可能な
社会を目ざして | SUSTAINABLE DEVELOPMENT

Let's SDGs　2.2　6次産業化による持続可能な農業の推進

【目標2】「飢餓を終わらせ、食料安全保障および栄養改善を実現し、持続可能な農業を促進する」とあります。2030年までに、飢餓と栄養不良に終止符を打ち、持続可能な食料生産を達成することを目指しています。そのためには、環境と調和した持続可能な農業を推進し、生産者の所得を確保し、農業生産性を高める必要があります。

　農林漁業の6次産業化とは、1次産業としての農林漁業と、2次産業としての製造業、3次産業としての小売業などの事業との総合的かつ一体的な推進を図り、農山漁村の豊かな地域資源を活用した新たな付加価値を生み出す取組みです。これにより農山漁村の所得の向上や雇用の確保を目指しています。

　6次産業化に取組む事業計画を作成して、農林水産大臣の認定を受けることができます。認定を受けた事業者は、融資の特例を受けることができます。また新商品の開発や販路開拓のための展示会に出展できる支援策を受けられます。

図表2.2.1　昭和村にあるグリンリーフと販売製品

出典：グリンリーフ株式会社

　ここでは、6次産業化の実践事例を紹介します。群馬県昭和村にある「グリンリーフ株式会社」です。従業員約100名で有機栽培こんにゃく芋や有機野菜の漬物製品などの栽培・加工・販売を手掛けています（図表2.2.1）。また関連会社として、有機ほうれん草や小松菜などを生産する「四季菜」や全国の契約農家からの生産物を集約し販売する「野菜くらぶ」などがあり、グループ合計208名で6次産業化を実践しています（図表2.2.2）。

　同社は、2011年に6次産業化の第1号認定に選ばれました。澤浦社長は経営理念として「感動農業・人づくり・土づくり」を掲げており、SDGsに関連した様々な活動を実施しています。

①これからの日本を担っていく若い就農希望者を支援
②外国人実習生を受け入れて農業技術を教育
③従業員満足アンケートを毎年実施して改善実施
④女性従事者が7割で、託児所を完備、女性管理者半数以上
⑤太陽光発電機を導入し、メガソーラー事業に取組む
⑥栽培の品質管理として「グローバルGAP」、加工の品質管理として「FSSC22000」を認証取得

19

図表2.2.2　グリンリーフの6次産業化スキーム

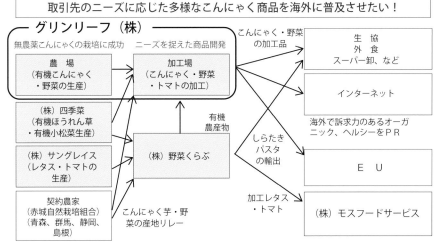

出典：農林水産省 食料産業局産業連携課（原案：グリンリーフ）

持続可能な
社会を目ざして｜SUSTAINABLE DEVELOPMENT

Let's SDGs　2.3　食の安全の追求は人々の健康と福祉につながる

【目標3】「あらゆる年齢のすべての人々の健康的な生活を確保し、福祉を促進する」とあります。食品産業では、食品や関連製品・サービスの提供を通じて、人々の健康に大きく貢献することが可能です。一方で、健康被害は未然に防止する必要があります。その中で最も重要な項目に「食物アレルギーへの取組み」があります。

　食物の摂取により生体に障害を引き起こす反応のうち、食物抗原に対する免疫学的反応によるものを食物アレルギー（Food Allergy）と呼んでいます。アレルギー体質を持っている人の場合、その後の抗原の侵入 に対して過敏な反応をし、血圧低下、呼吸困難、または意識障害など、様々なアレルギー 症状が引き起こされ、このアレルギーの原因となる抗原を特に「アレルゲン」と呼びます。食品表示基準で定められる品目に、えび、かに、小麦、そば、卵、乳、落花生の7品目（特定原材料）が挙げられ、表示を推奨する品目に、21品目が挙げられています。

　食品工場では、使用する原材料の仕様から、含有する可能性のあるアレルゲンを特定し、それが製造ライン毎にどのようなコンタミ（混入）リスクがあるのかを特定し、リスクを低減または除去するための管理手順を作成します。その事例がアレルゲン管理一覧表（**図表2.3.1**）です。

　この表には、部署・該当工程・コンタミ内容・評価（重篤度・発生頻度・リスク値）・リスク軽減方法・再評価があり、リスク軽減への移行基準は「閾値6点」としています。重篤度の基準は、アレルゲンのコンタミはレベル4、または3となります（**図表2.3.2**）。ここではアレルゲン製品誤混入をレベル4としています。また発生頻度は、定性的基準と定量的基準があり、クレーム発生だけではなく最終検査工程で発見した場合もカウントします（**図表2.3.3**）。

このように、アレルゲン管理一覧表により、改善を繰り返すことにより、アレルゲンのコンタミリスクを低減させ、消費者の健康を保証していきます。

図表 2.3.1　アレルゲン管理一覧表によるリスク軽減

アレルゲン管理一覧表　　　　　　　　閾値 6

2021年11月1日　○○株式会社

承認　作成

No	分析				評価			対応		再評価		
	部署	要因（ハザード）			重篤度4段階	発生頻度4段階	リスク値	有無	リスク軽減方法	重篤度	発生頻度	リスク値
		該当工程	アレルゲン種類	内容								
1	製造課	開封	えび	専用以外備品使用による汚染	3	1	3	無				0
2	製造課	計量	えび	計量時の粉の飛散	3	1	3	無				0
3	製造課	混合	えび	清掃不良によるコンタミ	3	1	3	無				0
4	包装課	個包装	えび・小麦・卵・乳成分	切替時のチェック漏れによる誤混入	4	2	8	有	責任者による始業点検	4	1	4
5	包装課	大袋包装	えび・小麦・卵・乳成分	切替時のチェック漏れによる誤混入	4	2	8	有	責任者による始業点検	4	1	4
6												
7	・・・・	乾燥工程	ごま	乾燥器内、コンベアの清掃不良	3	4	12	有	清掃マニュアルを作成し、担当者に教育	3	2	6
8	・・・・	巻き工程	アクティバ（乳）	他工程への飛散	3	2	6	有	手順書の作成及び教育、定期的な拭き取り検査	3	1	3

図表 2.3.2　重篤度の評価基準

	レベル	定性的基準	影響の程度
重篤度	4	致命的	消費者に精神的・物理的に重大な危害を加え、被害が回収を伴うなど甚大で、中間顧客が当社に対して取引停止の可能性あり ＊アレルゲンの誤混入
	3	重大	消費者の精神的・物理的な被害が大きく、回収の可能性が高く、中間顧客の当社への信頼が損なわれる ＊アレルゲンの粉・飛散・洗浄不足等の原因のコンタミ
	2	中程度	消費者の精神的・物理的な被害は中程度で、繰り返せば中間顧客の当社への信頼が損なわれる
	1	軽微	クレームではあるが、顧客の担当者レベルで解決し、当社への信頼は変わらない

＊アレルゲンのコンタミは、重篤度3または4となる。

図表 2.3.3　発生頻度の評価基準

	レベル	定性的基準	定量的基準（インシデント件数）
発生頻度	4	しばしば発生する	2～3件程度／年
	3	まれに発生する	1件程度／年
	2	起こりそうにない	1件程度／3年
	1	まず起こり得ない	1件程度／10年

3図表の出典：筆者

持続可能な社会を目ざして | SUSTAINABLE DEVELOPMENT

Let's SDGs　2.4　食のエキスパートを目指し、食に携さわることへの誇りを

【目標4】「みんなに質の高い教育を！働きがいのある人間らしい仕事および起業に必要な技能を備えた若者と成人の割合を大幅に増加させる」とあります。食品産業では、担当業務や食中毒・アレルゲン管理に関する教育はもとより、食育や環境教育などに積極的に関わるための教育も必要です。一方で、食品産業に関わる従業員の資質向上を図ることも重要です。

　食品工場で働く作業者の自信とやりがいにもつながることであるという考えから、スキルマップを活用するケースがあります。現場で必要な作業を明確にした上で、『星取り表』的な活用をすることで、自身が習得しているスキルの状況を容易に確認できます（図表2.4.1）。また、スキルマップは、個々の目標設定の道標にもなることから、動機付けになります。そして、教育対象の優先度を決めて教育訓練を進めていきます。

図表2.4.1　スキルマップの教育への活用

製造部 スキルマップ

マニュアル：あり＝○　要修正＝△　なし＝×　必要なし＝―
スキル：◎＝指導可（1.2）　○＝一人で可（1.0）　△＝補助要（0.5）　無印＝できない（0）　／＝当面必要なし
　　　　アミカケ：教育させたいもの

XX年4月

業務内容		マニュアル	山崎	伊東	鈴木	川口	山田	清水	合計	教育	
										優先度	該当者
炊飯	連続炊飯器の操作	○	◎	○	△	△			3.2		
	連続炊飯器の洗浄	×	◎	○	○	○	△		4.7		
	自動洗米機の操作	△	○	△	△	△			2.5	優先	伊東
	自動洗米機の洗浄	×	◎	○	○	/	△		4.2		
	飯盛り機の操作	○		△	/	/			1.7	優先	伊東
	水質管理	×	◎	○	△	△	△		3.7	優先	鈴木
	米の管理	×	◎	○	○	△	△		4.2		
	ボイラーの管理	×	◎	△	△	△	/		2.5		
盛付	1品盛付	○	○	○	○	○	○	△	5.9		
	2品盛付	○	◎	○	○	○	△	○	5.7		
	お玉での惣菜盛付	○	◎	◎	○	○	○		5.4		
	弁当の蓋閉め・検査	○	○	△	△	○	△		3.7	優先	伊東
	食材の準備	△	◎	○	○	○	△		4.2		
	容器・包装材の準備	△	◎	○	△	○	○		3.7		
	見本作り	―	◎	◎	○	○	○	△	5.9		

出典：著者

　ここでは、食品小売業として、従業員にモチベーションを与えるために教育する事例を紹介します。岡山県津山市を中心にスーパーマーケットの店舗展開をしている「株式会社マルイ」は、2016 年より社内に教育機関マルイアカデミーを開校しました。

　マルイアカデミーは、社員が「食の専門家」としての将来の目標を真剣に考え、その実現のために、自らを成長させたいと思う意識改革、その支援をする役割を担うものです（**図表2.4.2**）。マルイの 5 つの CSR 活動に人材育成があり、この取組みは、低価格以外の価値を訴求し、従業員満足度を上げることで競合店との差別化を図る素晴らしい取組みです。

図表 2.4.2　マルイアカデミー 食の専門家

出典：株式会社マルイ

23

持続可能な
社会を目ざして | SUSTAINABLE DEVELOPMENT

Let's SDGs　2.5 男女別なく就業の機会と成長のスタートラインへ

【目標5】「男女平等を実現し、女性の能力を伸ばし可能性を広げよう」とあります。食品産業は、他産業に比べて女性の就業率が高い産業です。人手不足の中で、女性が働きやすい職場環境やその能力が発揮しやすい仕組みの構築が必要です。

日本においては、女性活躍推進法を2015年に定め、大企業に対し自社の女性の活躍状況の分析を義務付けました（中小企業は努力義務）。その指標として用いられたのが「女性の採用割合」「勤続年数の男女差」「女性管理職の割合」です。女性管理職比率の引き上げを目的とした施策の一環でした。

男女間平均賃金格差は、徐々に縮小傾向にありますが、欧米諸国と比較すると依然として大きく、役職や勤続年数の差が主要因といわれています。女性の社会進出は進みましたが、管理職における女性の台頭は、他国と比較するとまだ遠いのが現状です（**図表2.5.1**）。

図表2.5.1　就業者および管理的職業従事者に占める女性の割合

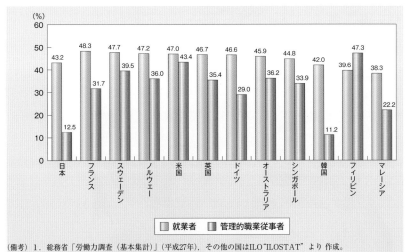

（備考）1．総務省「労働力調査（基本集計）」（平成27年），その他の国はILO"ILOSTAT"より作成。

出典：内閣府　男女共同参画局

　その他、女性活躍のためのセクシュアルハラスメント防止対策の措置については、事業主の方針の明確化およびその周知・啓発、相談窓口の設置および事後の迅速かつ的確な対応が義務付けられていますが、企業規模によりその取組状況や抱えている課題に違いがあることも事実です。

　山口県にある「あさひ製菓株式会社」は、創業 104 年を迎え、女性が働きやすい職場づくりを推進しています（**図表 2.5.2**）。約 400 名いる従業員の約 8 割以上が女性であり、商品企画部門をはじめ県内 48 店舗の店長もほとんどが女性です。女性が占める管理職従事者の割合は 33% で、日本企業の平均より大幅に多くなっています。

　育休や時短勤務制度も充実し、多様な働き方ができるので、子育てママも多く、育休取得率は 100% となっており、看護・介護休業制度も整備しています。女性は家庭を持つことで食べ物を勉強するので、菓子製造・販売の職業人として、活躍できる場が大いにあるそうです。会社の目指すところは、地元のお客様が山口県には「あさひ製菓」があるといわれるようになりたいとのことです。

25

図表 2.5.2　あさひ製菓の女性活躍

出典：あさひ製菓株式会社

持続可能な
社会を目ざして ｜ SUSTAINABLE
DEVELOPMENT

Let's SDGs　2.6 水資源を大切にし、排水の質の改善を

【目標6】「飲料水、衛生施設、衛生状態を確保するだけではなく、水源の質と持続可能性を目指す」とあります。食品産業は、飲料メーカーなどで大量の水を消費するだけではなく、原料となる農産物の育成でも大量の水を消費するので、安全な水を持続的に確保していく必要があります。

　日本は降水量が多く水が豊かな国ですが、河川の流量は一年を通じて変動が大きく、安定的な水利用を可能にするためにダムなどの水資源開発施設を建設してきました。日本での水資源の利用先は、農業用水・工業用水・生活用水であり、河川水と地下水で賄われています（**図表 2. 6. 1**）。

図表 2.6.1　日本の水資源賦存量と使用量

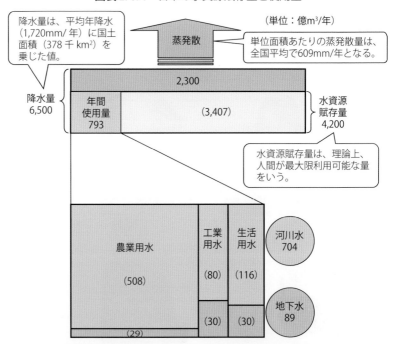

出典：国土交通省 水資源部　水資源賦存量（令和2年版）より、加工して作成

　日本の水道普及率は 97% を超えていますが、近年ではミネ
ラルウォーターの消費量増大や家庭用浄水器の普及が進むな
ど、安全でおいしい水に対する関心が高まっており、これを確
保するためには、水源となる河川・湖沼などの水質を改善して
いくことが重要です。そのために、工場では国の定める「水質
汚濁防止法」により、河川などのへの流出水の管理を徹底する
必要があります。

　サントリーグループは、工場を設計する際に、できる限り使
う水を少なくする（Reduce）、繰り返し使う（Reuse）、処理を
して再生利用する（Recycle）の「水の 3R」を徹底しています。
経営トップの方針として、水のカスケード（多段階）利用によ
り水資源の有効利用を図っています。

　2007 年に神奈川県綾瀬工場が稼働したときに、製造工程で
使用する水を清浄度に応じて 4 つのグレードに分類し、高いグ
レードが要求される用途から次のグレードで賄える用途へ段階
的に水の再利用を図る技術を導入しました（**図表 2.6.2**）。サ
ントリーグループの清涼飲料生産拠点は、現在 10 工場ありま
すが、本技術を横展開して、節水を図っています。

27

　図表 2.6.2　サントリーグループ清涼飲料工場における水のカスケード利用

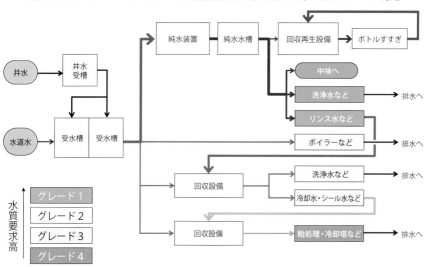

出典：サントリーホールディングス株式会社

持続可能な
社会を目ざして | SUSTAINABLE DEVELOPMENT

Let's SDGs　2.7　省エネとクリーンエネルギーの活用で CO_2 排出削減を

【目標7、13】「省エネ推進・クリーンエネルギーの活用と気候変動の対策で，CO_2 排出量を削減しよう」とあります。この目的は、地球温暖化防止のために、省エネ推進やクリーンエネルギーに関するインフラと技術の拡大などを通じた再生可能エネルギーの使用増大を推進するものです。

　SDGs の 2020 年度報告によると、全世界で、①7 億 8 千万人が電力を利用できていない、②エネルギー消費量全体に占める再生可能エネルギーの割合はまだ 17%、③エネルギー効率改善率は 1.7% で目標の 3% には達していない、とあります。

　今後の世界の人口増加と世界的経済成長の下で、エネルギーの大幅な需要増加が見込まれるなか、食品産業を含む全産業が、さらなる省エネルギーの推進と、再生可能エネルギーへの転換を迫られています。また地方創生として、地域内の再生可能エネルギーの導入や投資に回すことで、足腰の強い地域経済の構築、新たな雇用創出や災害時の強靭さの向上にもつながる効果が期待されています。

　札幌に本社がある外食チェーンのアレフは、全国 342 店舗（直営 131 店舗）を擁しており、2018 〜 2020 年度の環境行動目

図表 2.7.1　店舗の生ごみ処理

出典：株式会社アレフ

標として

①自社から出る食品廃棄物を基に再生可能エネルギー電力を
　自ら発電する

②再生可能エネルギー由来電力の利用割合目標を設定する

　以上を掲げ、再生可能エネルギーを利用した事業運営を推進
しています。

　各店舗から出る廃棄物で一番多いのは生ごみです。1店舗あ
たりで1日約 20kg 〜 30kg が排出されます。生ごみ処理機を
店舗に導入しレストランから出る生ごみを捨てずに田畑の肥料
に活用する取組みを実施しています（図表 2.7.1）。

　また同社は、北海道恵庭市にある農業・環境をテーマとした
エコロジーテーマガーデン「えこりん村」内で、循環型メタン
発酵施設であるバイオガスプラントを稼動しています。小樽
ビール醸造所で発生するビール粕や、店舗の生ごみ処理機でつ
くられた生ごみ資材などを原料としてメタン発酵させ、バイオ
ガスを取り出しています。

　このバイオガスと、店舗やお客様から回収した廃食用油から
製造したバイオディーゼル燃料（BDF）を使って発電し、自家
利用しています（図表 2.7.2）。

29

図表 2.7.2　バイオガスプラントのフロー

出典：株式会社アレフ

Let's SDGs 2.8 働きがいのある労働環境を整え、生産性向上を図ろう

【目標8】「みんなの生活を良くする安定した経済成長を進め、だれもが人間らしく生産的な仕事ができる社会を作ろう」とあります。この目標は、労働安全衛生はまず守るべき大前提条件であり、セクハラ・パワハラなどのない労働環境も重要です。また、ダイバーシティの考え方で、市場の要求の多様化に応じ、企業側も人種、性別、年齢、信仰などにこだわらずに多様な人材を生かし、最大限の能力を発揮させるという取組みが浸透してきています。

労働力不足の中で、雇用を引き寄せるためには、食品産業においても働き方改革が不可欠です。優れた技術や企画力を有するなど質の高い人材を食品製造業に惹き付けるためには、勤務時間の柔軟化や女性・高齢者に配慮した職場環境の改善を図るほか、IT化・ロボット化を含めた設備投資を積極的に進めるなど、働く場としての魅力や生産性を高めることが重要となります。

食品産業における働き方に関するアンケート調査によると、「働き方改革」として取組んでいる項目として

①時間外勤務の削減

②週休2日の徹底や年次有給休暇の取得促進

③育児・介護・治療などと仕事の両立支援制度の導入

などが挙げられます（**図表 2.8.1**）。

慢性的な長時間労働を放置すると、従業員を疲弊させ、集中力が低下し、業務のミスや労働災害につながります。だからこそ、時間外勤務の削減の取組みは大切です。

①所定外勤務時間の見える化

②月間目標残業時間の設定

③開店・閉店時間の見直し

④業務の見直しなど

の積極的な推進が必要です。

　また、日本は海外に比べて、年次有給休暇の取得率が低いと言われています。その理由として、年次有給休暇取得を言い出しにくい職場の雰囲気が挙げられます。「休暇の取りやすさ」を職場選びで重要視する傾向が増えており、「休みがとりにくい」職場では、人手不足の中での人材確保が難しくなります。

①連続休暇制度

②時間単位の有給休暇取得制度

③店舗休日の拡大設定

④業務の反感に合わせたシフト設定など

このような積極的な推進が必要です。

　また、ダイバーシティ経営も重要な考え方です。年令・性別・実績・学歴・国籍・障害に関係なく、意欲ある者にチャンスの道を開くことを実践します。食品製造業においては、一定時間内で成果を上げるよう「時間当たり成果」で評価を実施するなど仕事を見える化し、非正規から正規雇用への転換制度を設けている企業が増えてきています。

31

図表 2.8.1 「働き方改革」として取組んでいる項目

(全回答者数に占める割合、%)

項目	割合
時間外勤務の削減	80.2
週休2日の徹底や年次有給休暇の取得促進	54.9
労働時間の長さではなく、成果で評価する社風や制度づくり	24.2
育児・介護・治療等と仕事の両立支援制度※の導入	39.6
人間関係・職場の雰囲気、ハラスメント等の改善	28.6
仕事内容に見あった給与体系の整備	24.2
給与水準の引き上げ	24.2
仕事のやりがいを高めるための取組（従業員満足調査など）	22.0
業務量、業務分担の適正化	24.2
キャリアアップに役立つ研修制度の導入	26.4
昇級・昇進制度の導入	24.2
非正規から正規雇用への転換制度の導入	25.3
その他	3.3

※短時間勤務、フレックス制度、テレワーク等

出典：農林水産省　食品産業における働き方に関するアンケート調査結果

持続可能な社会を目ざして　SUSTAINABLE DEVELOPMENT

Let's SDGs 2.9 ネット利用と食の オープンイノベーション

【目標9】「研究とイノベーション、情報通信技術へのアクセス拡大を通じて安定した産業化を図る」ことを目指しています。世界経済フォーラム（WEF）が毎年発表している国際競争力指標によれば、日本のイノベーションランキングは低下傾向です。企業の研究開発投資や科学者・技術者の有用性、特許申請では高い順位となっていますが、最も重要と考えられるイノベーション能力や研究開発における産学連携においては、非常に低い数値となっています（**図表 2.9.1**）。

すなわち、IT化や国際化、価値観の多様化が進み、以下の観点で価値を生み出す手法が変わってきています。

①モノからIT・サービスへの変化

②イノベーションを起こす主体が、大企業からベンチャーへ転換

③オープンイノベーション（組織の枠組みを越え、広く知識・技術の結集を図る）の重要性、産学融合の取組み

日本は、これらの点で遅れており、SDGsを活用して、イノベーションが起きやすい体制の構築とともに、対応を進めていく必

32

図表 2.9.1　WEF イノベーションランキング 2016-2017 年版

	イノベーションランキング	イノベーション能力	科学技術調査機関の質	企業の研究開発投資	研究開発における産学協業	先進技術に対する政府調達	科学者・技術者の対応領域と数	PCT 国際出願件数
スイス	1	1	1	1	1	28	14	3
イスラエル	2	4	3	3	3	9	8	5
フィンランド	3	6	8	7	2	26	1	4
米国	4	2	5	2	4	11	2	10
ドイツ	5	5	11	5	8	6	16	7
スウェーデン	6	3	7	6	12	23	20	2
オランダ	7	10	4	14	5	21	21	9
日本	8	21	13	4	18	16	3	1
シンガポール	9	20	10	15	7	4	5	13
デンマーク	10	18	16	16	14	53	37	8

備考：PCT 出願とは、特許協力条約に基づいた特許申請。
資料：WEF"The Global Competitiveness Report (2016-2017 年版）から経済産業省作成。

出典：経済産業省

要があります。

　一方、日本の食品産業としては、その技術開発力をもって、多くの新商品を生み出してきました。機能性、健康、介護などに配慮した製品づくりへのニーズが高まっていることもあり、さらなるイノベーションを進める必要性があります。特にオープンイノベーションは、「社内外を問わず、アイデアを組み合わせて新たな社会的価値を創造する」という考え方で、社内外の技術やアイデア、資金、人脈、情報といった資源を積極的に活用していきます。

　農林水産省では、新型コロナウイルス感染症の影響を踏まえ、ポストコロナ社会においては、持続的な農林水産業の推進、デジタル化・リモート化、食を通じた健康の実現、農村発イノベーションの実現などを目指す必要があることを提唱しています（**図表 2.9.2**）。今後の食品産業のイノベーションの指針となる内容です。

33

図表 2.9.2　ポストコロナ社会に向けた今後の技術開発の方向

新型コロナウイルス感染症の影響	ポストコロナ社会に向けた今後の技術開発の方向
①国民への食料の安定供給への懸念	①**持続的な農林水産業の推進** 　→　気候変動の緩和 　→　環境負荷低減 　→　食料廃棄の大幅削減 　→　サプライチェーンの強靱化 　→　人獣共通感染症の予防
②新型コロナウイルス感染症への懸念から健康意識の高まり	②**農林水産業のデジタル化・リモート化** 　→　データ連携 　→　スマート農林水産業の社会実装 　→　**ドローン等による農業支援サービスの育成**
③農林水産業・食品産業における外国人技能実習生の受入制限等によって深刻化する人手不足	③**食を通じた健康の実現** 　→　食と健康に関する研究開発 　→　機能性食品開発
④医療行為への依存から自衛生活への移行	④**農村発イノベーションの実現** 　→　農村発イノベーション、新たな産業**創出** 　→　スタートアップ支援、オープンイノベーションの強化
⑤東京一極集中から地方への関心の高まり	

出典：農林水産省　農林水産研究イノベーション戦略 2021 より、加工して作成

持続可能な社会を目ざして | SUSTAINABLE DEVELOPMENT

Let's SDGs　2.10　性別・文化の違いを超えて協力し、災害に強い街づくりを

【目標10、11】「性別・年齢・障害・人種・階級・民族・宗教・機会に基づく不平等の是正を行い、災害に強い街づくりとともに、経済・社会・環境面における都市部、都市周辺部および農村部間の良好なつながりを支援する」ことを目指しています。

　食品産業は、女性就業比率、高齢者の就業割合、非正規労働者やパートタイム労働者の就業割合が高く、多様な人材が差別を受けることなく活躍できる環境づくりが必要です。また、災害多発のなかで、食料の提供という大きな使命があることから、それに備えたBCP（事業継続計画）の策定や、強靭な事業体制を整える必要があります。

　三重県松阪市にある「ぱんカンぱん」は、2018年に社会福祉法人あすなろ福祉会のOEM（受注製造）工場として開設し、障害者就労継続支援B型事業所として災害備蓄用缶入りパンの製造を行ってます。地域での障がい者の就労の場として、平等に就労できるように、また障がい者自身の自立にもつながるよう、地域の大きな役割を担っています（**図表2. 10. 1**）。

　工場内は、ミキシング工程・分割工程・巻き締め工程、印字および検査工程にわかれ、それぞれの部屋に社員が1名ついて、

図表2. 10. 1　「ぱんカンぱん」の食品製造工程

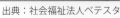

出典：社会福祉法人ベテスタ

総勢 20 名の利用者の安全衛生面の監視・監督をしています。障がい者の就労に際して、労働災害（やけど、巻き込まれなど）を防止するため、危険な作業は社員が実施し、注意喚起の声掛けを頻繁に行い、危険表示を効果的に実施して常に安全な環境を心掛けています。

スーパーマーケットのコーペラティブ・チェーン（小売店同志が集結）の CGC グループ（本部：東京・新宿）は、2021年 8 月時点で 206 社、4,186 店舗を擁しています。自然災害の多発に対応するため災害に備える取組みを積極的に行っています。災害時に必要となる商品に関しては、家庭・店舗・センターといった各拠点にて一定量を在庫する「生活在庫」を提案・実施しています（**図表 2. 10. 2**）。

また、2004 年の新潟中越地震での経験を踏まえて、大規模な災害時に事業を継続するための対策をまとめた災害マニュアルを作成し、災害のたびに更新しています。冊子版とスマホでも見られる電子版があり、地震・大雨・強風・大雪など災害全般の対応がまとめられており、BCP（事業継続計画）の目的や方針、運用体制について掲載されています（**図表 2. 10. 3**）。加盟企業によっては、独自の情報を追記した災害マニュアルを作成し、読み合わせや避難訓練を実施しています。

35

図表 2. 10. 2 店舗での生活ストック
（災害時の予防対策）

図表 2. 10. 3 災害マニュアル
（冊子版と電子版）

出典：株式会社シジシージャパン

持続可能な
社会を目ざして | SUSTAINABLE
DEVELOPMENT

Let's SDGs　2.11 食品ロス半減に向け、生産から消費まで当事者の責任ある行動を

【目標12】「環境に害を及ぼす物質の管理に関する具体的な政策や国際協定などの措置を通じ、持続可能な消費と生産のパターンを推進する」ことを目指しています。

　食品産業で使用される天然資源は、その有限性や採取に伴う様々な環境負荷が生じます。したがって、より少ない資源でより大きな豊かさを生み出すこと、すなわち資源生産性（GDP ／天然資源など投入量）を向上させていくことが重要です。日本では、2000 年からの 10 年間で 3R の推進などにより資源生産性は大幅に向上しましたが、それ以降は横ばいとなっています（**図表 2. 11. 1**）。3R は Reduce（リデュース）、Reuse（リユース）、Recycle（リサイクル）の 3 つの R の総称であり、食品ロス削減に繋がる活動です。

　Reduce（リデュース）は、製品をつくる時に使う資源の量を少なくすることや廃棄物の発生を少なくすること、賞味期限の長い製品の提供があります。簡易包装、詰め替え容器などの普及に努めることや食品ロスを削減する仕組みを作ることが相当します。

図表 2. 11. 1　資源生産性の推移

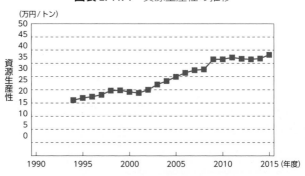

出典：環境省　平成 30 年版環境・循環型社会・生物多様性白書

Reuse（リユース）は、使用済容器などを繰り返し使用することで、瓶の飲料用容器は昔からリユースされてきました。また、賞味期限切れ間近の製品をフードバンクに寄付する取組みもリユースです。

Recycle（リサイクル）は、廃棄物などを原材料やエネルギー源として有効利用すること。その実現を可能とする使用済製品の回収やリサイクル技術・装置の開発なども取組みのひとつです。

SDGs ターゲット 12.3 には、「小売・消費レベルにおける世界全体の一人当たりの食料の廃棄を半減させ、収穫後損失などの生産・サプライチェーンにおける食品ロスを減少させる」とあり、SDGs の各種目標やターゲットと深く関連しています。すなわち、他項目との同時目標達成、他項目からの効果の受諾、他項目への効果の供与があり、SDGs の 17 の目標と 169 のターゲットは相互関連していることが良くわかります（**図表 2. 11. 2**）。

図表 2. 11. 2 　食品ロス削減と各 SDGs 目標との関連

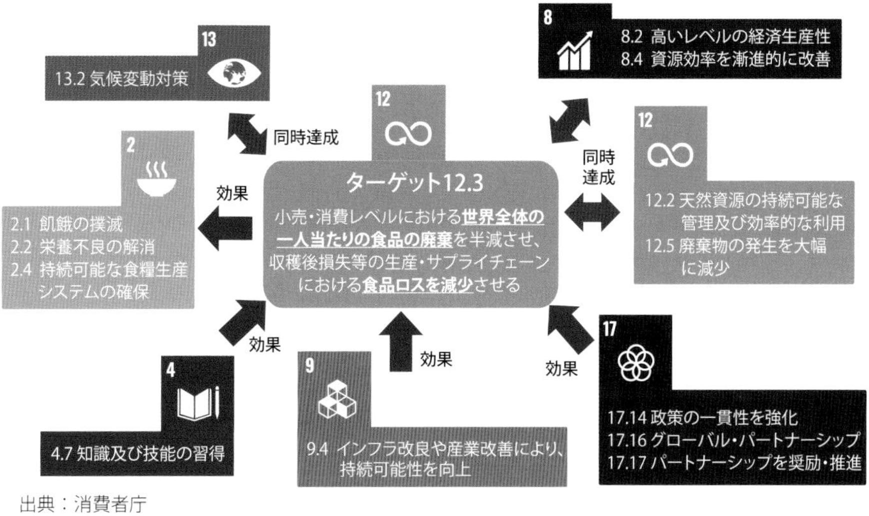

出典：消費者庁

Let's SDGs　2.12　海と森の資源を保全し生態系を守ろう

豊かな食資源の前提

【目標 14、15】「海洋・沿岸生態系の保全と持続可能な利用を推進し海洋汚染を予防する、また持続可能な形で森林を管理し、劣化した土地を回復することで砂漠化対策を成功させ、自然の生息地の劣化を食い止める」ことを目指しています。

　2019 年度の水産白書より、日本の周辺水域の資源評価結果によれば、資源の水準と動向を評価した 48 魚種 80 系群のうち、資源水準が低位にあるものが 35 系群（44％）と評価されています。また、プラスチック類の海洋ごみが、生態系を含めた海洋環境の悪化や海岸機能の低下、景観への悪影響、船舶航行の障害、漁業や観光への影響など、様々な問題を引き起こしています。

　日本の海洋資源、および森林の生物多様性および生態系サービスの状態は、過去 50 年間、長期的に損失・劣化傾向にあり、その直接的な要因は、開発など人間活動による危機や人間により持ち込まれたものによる危機、地球環境の変化による危機などがあります。

　マルハニチログループでは、MSC・ASC 認証^(注)の水産物の取扱いを積極的に進めています（**図表 2. 12. 1**）。加えて、水産

図表 2. 12. 1　持続可能な漁業・養殖認証（MSC・ASC）の取扱い

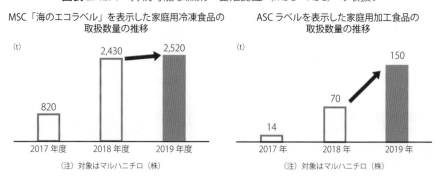

MSC「海のエコラベル」を表示した家庭用冷凍食品の取扱数量の推移

ASC ラベルを表示した家庭用加工食品の取扱数量の推移

（注）対象はマルハニチロ（株）

出典：マルハニチロ株式会社

物の持続可能な調達を実践するため、2020年度よりグループ各社が取扱う製品および原材料について、水産物取扱量の現状把握、それらが持続可能な水産資源であるかの確認を行う調査を開始しています。

エチオピアでは、現金収入を得るために森の木々が伐採され、環境破壊が懸念されていました。このような環境下、経済的豊かさと自然環境の保護を両立するための作物が、森林の中で自然のままに育っているコーヒーでした。

JICA（国際協力機構）の「ベレテ・ゲラ・フォレスト森林保全プロジェクト」は、森林で収穫できるコーヒーの本当の価値を引き出し、品質改善に取組むプロジェクトです。2014年からUCC上島珈琲は、コーヒーの品質向上のため技術指導に携わってきました（**図表2.12.2**）。

注）MSC認証：海洋管理協議会による、天然の水産物を対象にした漁業に対する認証制度。環境にやさしい持続可能な漁業であることの証。
ASC認証：水産養殖管理協議会による、養殖業に対する認証制度。環境と人にやさしい責任ある養殖業で生産された水産物に認められる証。

39

図表2.12.2　コーヒー栽培のエチオピア森林保全プロジェクト

コーヒーチェリーが熟すのを待って収穫する

味覚が悪くなる原因の大部分が、熟度の違ったコーヒーの混入のため、熟度によって分別する

しっかり乾燥をさせるために、露避けなどの配慮をする

機械で自動選別されたコーヒーは、最終的に人が確認、さらに品質の悪い豆を取り除く

近代的な倉庫へ保管先を変更し、衛生面の強化をはかるとともに、細かくロットと区画を分けて保管をする

出典：UCC上島珈琲株式会社

持続可能な社会を目ざして | SUSTAINABLE DEVELOPMENT

Let's SDGs   2.13 コンプライアンスの徹底による食品偽装の撲滅

【目標16】「透明かつ効果的で責任ある制度に基づく平和で包括的な社会を目指す」ことであり、企業レベルにおいてはコンプライアンスを順守することを指します。

食品産業にとって、消費者からの信頼を高めていくためにはコンプライアンスの徹底が重要です。食品偽装のような企業の信頼を揺るがすようなことが公になると、消費者への信頼回復は容易ではありません。

2007年以降、食品に関する事件が相次いで発覚しました。生鮮食品の産地・銘柄の偽装、加工食品の産地・銘柄の偽装、加工食品の期限表示の偽装などが新聞紙上に掲載された記憶が残っています。特に、組織的な偽装・情報隠ぺいが発覚すると、該当企業にとっては、会社存亡の危機となることは間違いありません。

偽装防止の考え方は、2017年にISO規格として初めてFSSC22000（食品安全マネジメントシステム）の「食品偽装の予防」として取り入れられています。具体的には、次の要求事項となっています。

図表2.13.1　食品偽装のリスク分析

食品偽装リスクアセスメントシート　　　　　20XX/5/1　会社名：〇〇食品(株)　承認　作成

No	食品偽装項目	分析 脅威および脆弱性 経営層・管理部門	現場担当者	評価 脅威値	脆弱値	リスク値	リスク低減方法	再評価 脅威値	脆弱値	リスク値
1	産地や銘柄偽装 期限表示偽装	・品質第一という企業理念を全員に浸透させていない ・経営者のワンマン体制である	・品質第一の意識が低い ・経営者に意見が言いにくい	1	3	3	・定期的な企業理念の教育 ・昼食会などで社員とコミュニケーションを取るようにする	1	2	2
2	〃	・管理者の人材交流を定期的に実施していない ・内部通報の仕組みがない	・組織が閉鎖的であり、おかしなことがあっても報告しない	1	3	3	・管理者の定期的な人材交流 ・内部通報制度の運用	1	2	2
3	〃	・内部品質監査体制や社内調査体制が整っていない	・文書化に消極的であり、トレースの記録も一部ないものがある	1	3	3	・内部品質監査体制の整備 ・表示関連の文書化とトレース記録の追加	1	2	2
4	〃	・品質管理部門による期限表示のチェック機能がない	・現場に賞味期限表示ルールなどの掲示がない	1	3	3	・品質管理部門による期限表示チェック ・賞味期限表示ルールの掲示	1	2	2

出典：筆者

① 脆弱性を特定するための食品偽装の脅威評価を実施
② 大きな脆弱性に対して、緩和策である食品偽装防止計画を確立し、実施

ここでは、上記要求事項に対応するために、リスクアセスメントシートの活用を紹介します。まず、「産地や銘柄偽装、期限表示偽装」に対する「脅威および脆弱性」を経営層・管理部門と現場担当者に分けて記述していきます。

例えば、経営層・管理部門で、「経営者のワンマン体制である」という脅威があるとすれば、現場担当者として「品質第一の意識が低い。経営者に意見がいいにくい」という脆弱性があります。この脅威と脆弱性はどちらが起因になるかで入れ替わります（**図表 2.13.1**）。

次に、食品偽装の項目ごとに"脅威の発生確率"と"脆弱性の程度"をレベルにより評価します（**図表 2.13.2**）。この"脅威値"と"脆弱値"の基準は、食品業種および企業ごとに違ってきます。またリスク値は、脅威値×脆弱値で表わします。このリスク値が高い場合は、リスク低減方法を実施することで、食品偽装のリスクを減少させることができます。

リスク低減対策を実施した場合、脅威値は変化しないが脆弱値は減少し、その結果リスク値は低減します。このリスク低減方法は、食品安全チームによる定期的な現場巡回も含め、偽装や情報隠ぺいの芽を摘むための大切な活動です。

41

図表 2.13.2　驚異の発生確率と脆弱性のレベル

脅威の発生確率

レベル	定性的基準	定量的基準（参考）
4	しばしば発生する	2〜3件程度／年
3	まれに発生する	1件程度／年
2	起こりそうにない	1件程度／3年
1	まず起こり得ない	1件程度／10年

脆弱性の程度

レベル	脆弱性の程度
4	高い
3	中程度
2	低い
1	ほとんどない

出典：筆者

持続可能な社会を目ざして | SUSTAINABLE DEVELOPMENT

Let's SDGs　2.14 バリューチェーンによる連携で目標の達成を

【目標17】「持続可能な開発アジェンダを成功へと導くためには、政府、民間セクター、市民社会の間のパートナーシップが必要」と述べています。この包摂的パートナーシップは、グローバル、地域、企業、個人の各レベルで必要とされています。

　行政、民間事業者、市民などの異なるステークホルダー間のパートナーシップにより、地方創生に向けた共通認識を持つことが可能となります。また、食品産業に関わる地域の多様なステークホルダーが地域づくりを連携して進めていくことで、地方創生の課題解決を一層促進することが期待されています。

　雪印メグミルクグループは、北海道と包括連携協定を2007年に締結しました※。乳製品製造などで培った技術を活かした「酪農」や「食」の分野や、「観光」の振興を目的とした北海道赤レンガ庁舎前の花壇設置、子育てや健康づくり、環境に対する取組みや防災活動への支援などで、北海道経済の活性化に取組んでいます（図表2.14.1）。

※ 2007年当時は、雪印乳業㈱、雪印種苗㈱、㈱雪印パーラーと北海道との協定

図表2.14.1 雪印メグミルクグループと北海道庁との連携協定

出典：雪印メグミルク株式会社

　また、札幌市と「さっぽろまちづくりパートナー協定」を締結しています。「酪農と乳の歴史館」の見学者数に応じ「さぽーとほっと基金」に寄付を行い、子供の健全な育成を支援する活動を応援しています。

　永谷園グループでは、CSR を「企業が 経済・社会・環境など幅広い分野における責任を果たすことにより、さまざまなステークホルダーとの信頼関係を構築し、企業自身の持続的な発展を目指す取組み」と定義しています。永谷園商品を例にバリューチェーン「創る」「作る」「売る」「使う」という機能の各段階での取組みが SDGs とどのように関連するかをまとめることで、持続可能性時代の実現に向けて邁進しています（**図表 2. 14. 2**）。

図表 2. 14. 2　永谷園グループの SDGs バリューチェーン

		テーマ	取り組み	関連するSDGs
創る	設計	おいしさ・品質の追求	「味ひとすじ」理念の具現化	3
		多様なニーズに対応した商品開発	食物アレルギー配慮商品 健康ニーズにマッチした商品 災害備蓄用商品	
		食品ロス削減	賞味期限延長	12
		環境負荷低減	包装のコンパクト化によるゴミの削減	
	調達	環境に配慮した調達	バイオマスプラスチック包装資材の導入	12 14
			持続可能な資源利用に配慮した原料の活用	
作る	生産	省資源・省エネルギーの追求	工程・設備の改善、代替エネルギーの導入	6 7
		労働安全の追求	作業環境の改善、ヘルスチェックの実施	8 12
売る	物流	環境負荷軽減	物流網の整備・再編、モーダルシフトの推進	7 13
	営業	食品ロス削減	需要予測の精度向上による流通在庫減・欠品防止 賞味期限の年月表示（一部商品）	12
		顧客開拓	新しい売り方・販売ルートの開拓	
		省エネルギーの追求	エコカー・エコドライブの導入	7
使う	お客様	お客様視点での商品開発・改善	お客様の声を商品設計に反映	12

出典：株式会社永谷園ホールディングス

43

持続可能な社会を目ざして | SUSTAINABLE DEVELOPMENT

Let's SDGs 2.15 官民連携で豊かな地域社会の実現へ

【目標17】パートナーシップがSDGs推進に重要であることがわかりましたが、ここでは、内閣府がSDGsの国内実施を促進し、より一層の地方創生につなげることを目的に、官民連携の場として設置している「地方創生官民連携プラットフォーム」について説明します。民間企業は無料で会員になることができ、2021年9月末段階で、都道府県・市町村が約980団体、民会企業が約4840団体と、全国に広がっています。

会員にとしてのメリットのひとつに「マッチング支援」があり、会員が実現したいこと、会員が抱える課題、会員が持つノウハウを蓄積したデータベースを閲覧・利用することができます。マッチングシートや入会時アンケートなどをもとに、解決したい課題を持つ会員と、解決策やノウハウを持つ会員とのマッチングをサポートします。また、定期的なマッチングイベントに参加することができます（**図表2.15.1**）。

「地方創生官民連携プラットフォーム」のHPには、次のように様々なマッチングリクエストが掲載されています。

- フイルム農法で高糖度トマトを生産することによる地域活性化

図表 2.15.1 官民連携プラットフォーム会員間のマッチング支援

課題・将来像の共有　マッチング成立　課題の解決に向けた取組を協働でスタート！

課題を解決したい会員　解決策やノウハウを持つ会員

出典：内閣府

・自動野菜収穫ロボットとRaaSモデルによる次世代農業パートナーシップ
・スマート養殖を活用した次世代型水産業を軸にした独自性のあるまちづくり

ここでは、埼玉県の地方創生官民連携事例として、「こども食堂支援機構」を中心とした、県内のこども食堂への寄付金のスキームを説明します。まず、こども食堂支援機構が企画する寄付付きの非常食を埼玉県が一般企業にPRします。企業が販売店から購入することで、売上の一部が運営資金として県内のこども食堂に寄付されます。また、賞味期限が近くなった非常食もこども食堂に寄付されるので、こども達に喜ばれるだけではなく、企業から廃棄されるフードロスが減少します（**図表2.15.2**）。

本スキームでの埼玉県のメリットは、経済的にこども食堂を支援でき、非常食の浸透により街の防災力も向上します。寄付付き非常食を購入する企業のメリットは、購入担当が定期購入として寄付付き製品を選ぶだけなので協力がしやすく、企業ロイヤリティも向上します。

45

図表 2.15.2　こども食堂における寄付金付き非常食の連携

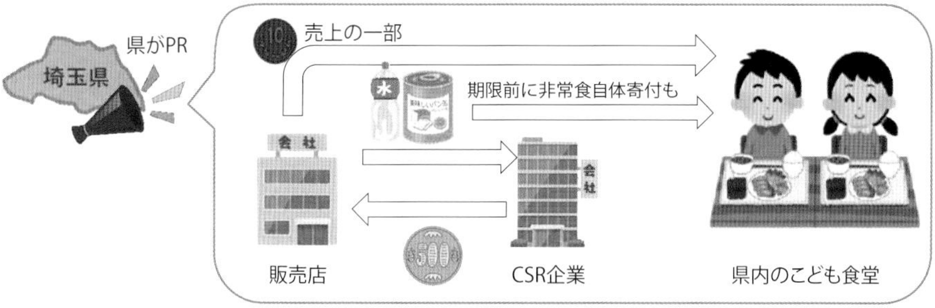

県がPR　売上の一部　期限前に非常食自体寄付も
埼玉県　会社　会社
販売店　CSR企業　県内のこども食堂

出典：内閣府

Let's SDGs

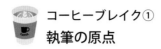

コーヒーブレイク①
執筆の原点

　私が SDGs（Sustainable Development Goals）に携わるように
なったのは、2019 年 4 月のことです。当時、私の所属する
コンサルティング会社で、本部のある中部地区の中小企業に
SDGs を広めていく目的で、プロジェクトチームが立ち上がり
ました。3.2 項に記述されているように、6 つの項目に分割して、
チェックリストを活用した診断を実施してきました。診断企業
には、報告会で SDGs の状況や今後の方向性を伝えることで満
足していただきました。

　2020 年 9 月には、名古屋で SDGs フォーラムを主催者とし
て開催し、そこで講演者として 1.5 項に記述されている大川印
刷株式会社の大川社長に、自社での SDGs の活動についてお話
しいただきました。中小企業でここまで SDGs を会社の事業に
取り入れていることに感銘を受けました。ここまでの活動が、
私の SDGs に関する執筆の原点となりました。

3.

Let's SDGs

SDGsは
どうやって
進めるの？

Let's SDGs　3.1　企業経営に SDGs を取り入れるステップ

　SDG Compass の目的は、企業の経営戦略に SDGs を統合させるための指針を示しています。2016 年に SDGs 導入における企業の行動指針として、国際的な NGO の GRI、国連グローバル・コンパクト、国際企業で構成される組織 wbcsd の 3 者にて、SDG コンパスが作成されました。

　地球規模の課題を解決するためには、行政や NPO などの各種団体、企業、個人など、地球上のすべてのステークホルダーがそれぞれ役割を果たすことが求められています。そのため、食品企業も SDGs に貢献することが期待されており、SDG コンパスに示された 5 つのステップをたどることで、SDGs に貢献した経営を始めるきっかけとなります。

　SDG コンパスの 5 つのステップは、中小企業においても、個々の製品や拠点、部門レベル、さらには特定の地域レベルにおいても適用することができます（**図表 3.1.1**）。

図表 3.1.1　SDG Compass の 5 つのステップ

出典：SDG Compass　「SDGs の企業行動指針」より、加工して作成

【Step1：SDGs を企業として理解するために】

　まず、企業が SDGs に関して十分に理解することです。SDGs の 17 の目標や 169 のターゲットについて理解すると共に、世界的な SDGs に関する動向を知ることが大切です。食品企業にとって解決すべき課題や効果的なビジネスには何が求められているのか、といった観点から、まずは SDGs の概要を理解します。

【Step2：将来を見据えて優先課題を決定する】

　食品産業のバリューチェーン全体を通して、現在の事業活動の中で SDGs の価値観と照らし合わせて、より良くするべき点を洗い出します。その中で特に事業と関連の深い点や社会的な関心の高い点を検討し、SDGs に関する現在および将来の正、および負の影響を評価し、優先して取組むべき分野を決定します。

【Step3：未来の姿をイメージして目標を設定する】

　SDGs では、169 のターゲットについて具体的な目標が定められています。これを参考に、SDGs に取組む食品企業は、選定した優先課題に対して具体的な目標値を設定していきます。

　目標達成までの時間軸が長くなるほど、KPI の設定が重要になってきます。KPI とは、主要業績評価指標のことで、目標達成に向けた進捗度を計るための指標として機能します。

【Step4：目標を具体化し経営に統合する】

　目標を設定したら、経営層がリーダーシップを発揮してコミュニケーションをとることが重要です。事業を進めるうえで、SDGs と関連させた目標がなぜ重要なのか、どのような価値を生み出すのかといった点を明確にし、組織としての共通の理解を形成します。また、各部門に具体的な目標値を落とし込み、それぞれが達成すべきことを明確化することが重要です。

【Step5：取組みの達成度の評価と報告による情報共有】

　経営に SDGs を統合し、具体的な取組みを進め始めたら、定期的な報告やコミュニケーションが鍵となります。多くのステークホルダーが、食品企業の SDGs への取組みに関心を払っており、情報開示の要求も増えています。SDGs に関する取組みを報告書という形で内外に報告すると良いでしょう。

49

持続可能な
社会を目ざして ｜ SUSTAINABLE DEVELOPMENT

Let's SDGs　3.2　Step1：SDGsを企業として理解するために

　SDGs は、発展途上国にも先進国にも共通する普遍的目標です。SDGs は政府だけではなく、幅広い分野で活躍する団体や一企業も巻き込み、共通の枠組みを土台として、持続可能な開発に向けた優先課題やあるべき姿を構築していきます。SDGs 達成のために様々な方策を考え、実行することにより、企業は新たな事業成長の機会を見出すことができます。

　しかし、初めて SDGs に取組む食品企業は、前述の優先課題を見出すことが難しいのも事実です。そのために筆者の所属するグループでは、以下の 6 つに項目を分割して、チェックリスト（**図表 3.2.1**）を活用した診断を実施し、報告することにより、客観的に該当企業の SDGs の状況や強み・弱み・機会・脅威を明確にするサービスを実施しています（**図表 3.2.2**）。

①公正な事業慣行
②あらゆる人々の活躍の推進
③環境（省エネ・再エネ・循環型社会）
④防災対策・労働安全
⑤顧客・消費者課題
⑥成長市場の創出・地域活性化

　特に、中小食品企業では、ブレイクダウンした項目ごとにチェックしていくと、各項目の強みと弱みが見えてきます。

図表 3.2.1　SDGs 評価チェックリスト（環境）

No	分　　類	環境　診断質問項目
1	状況の把握	組織の状況および利害関係者の特定及びニーズの把握は行っているか？
2	環境側面	自社の著しい環境側面を認識、特定しているか？
3	環境方針	トップ自らのリーダーシップのもと環境方針を確立しているか？
4	環境目標	環境方針、環境目標に基づく具体的な活動計画を決定しているか？
5	省エネ・再エネ	・・・・・・・・・・・・・・・・・・・・・・・・・

出典：（一社）中部産業連盟　SDGs プロジェクトチーム

図表 3.2.2　SDGs 診断における分類と内容

公正な事業慣行

仕入先管理
12.2 天然資源の持続可能な管理及び
　　 効率的な利用を達成する

コンプライアンス
16.5 あらゆる形態の汚職や贈賄を
　　 大幅に減少させる

情報保護
9.1 質の高い、信頼でき、持続可能
　　 かつ強靭なインフラを開発する

社会貢献
12.3 小売・消費レベルにおける食料の
　　 廃棄を半減させ、生産・サプライ
　　 チェーンにおける食品ロスを減少させる

あらゆる人々の活躍の推進

人権（ハラスメント・女性活躍推進等）
5.5 女性の参画及び平等なリーダーシップの
　　 機会を確保する
10.2 すべての人々の能力強化及び社会的、
　　 経済的及び政治的な包含を促進する
10.3 機会均等を確保し、成果の不平等を
　　 是正する

組織風土
8.8 すべての労働者の権利を保護し、安全・
　　 安心な労働環境を促進する

働き方改革
5.4 無報酬の育児・介護や家事労働を認識・
　　 評価する
8.1 一人当たり経済成長率を持続させる
8.5 完全かつ生産的な雇用及び働きがいの
　　 ある人間らしい仕事、同一労働同一賃金
　　 を達成する

環境（省エネ・再エネ・循環型社会）

水質保全
6.3 汚染の減少、有害な化学物質の放出
　　 の最小化、未処理の排水の割合半減
　　 及び再生利用により、水質を改善する

廃棄物管理
12.5 廃棄物の発生防止、削減、再生利用
　　 及び再利用により、廃棄物の発生を
　　 大幅に削減する

大気保全
11.6 大気の質により、環境上の悪影響を
　　 軽減する

温暖化抑制（電気／省エネ）
13.2 気候変動対策を戦略及び計画に
　　 盛り込む

防災対策・労働安全

事故・災害の発生
8.8 すべての労働者の権利を保護し、安全・
　　 安心な労働環境を促進する

快適職場の提供
3.a たばこの規制に関する世界保健機関
　　 枠組条約の実施を適宜強化する

安全運転管理
3.6 道路交通事故による死傷者を半減させる

防災
11.b 仙台防災枠組 2015-2030 に沿って、あら
　　 ゆるレベルでの総合的な災害リスク管理
　　 の策定と実施を行う

51

顧客・消費者課題

顧客のニーズ・期待の把握、
リスク及び機会
9.2 持続可能な産業化を促進し、雇用及び
　　 GDP に占める産業セクターの割合を
　　 大幅に増加させる

食品安全マネジメント（食品企業の場合）
3.4 非感染性疾患による若年死亡率を減少
　　 させ、精神保健及び福祉を促進する

出典：筆者

成長市場の創出・地域活性化

新商品開発
9.5 イノベーションを促進させることや科学
　　 研究を促進し、技術能力を向上させる

地域活性化
2.3 小規模食料生産者の農業生産性及び
　　 所得を倍増させる
2.4 持続可能な食料生産システムを確保し、
　　 強靭な農業を実践する

Let's SDGs　3.3 Step2：将来を見据えて優先課題を決定する

　食品企業が SDGs に対して及ぼす社会的・環境的な影響は、企業が所有または管理する資産（食品工場）の範囲を超える可能性があります。最大の事業機会は、バリューチェーンにおいて、その企業の活動範囲よりも上流、もしくは下流に存在しているかもしれません。

　SDG コンパスは、優先課題を決定するために、原料供給先である農業・畜産業および調達物流から生産（加工・包装）を経て、製品の販売・消費者使用・廃棄に至るバリューチェーン全体を考慮することを推奨しています。自社のバリューチェーンのマッピングを幅広い視野で作成し、SDGs のいう諸課題にそれが負、または正の影響を与える可能性が高い領域を特定することから、この影響評価を奨励しています（**図表 3. 3. 1**）。

図表 3. 3. 1　バリューチェーンにおける SDGs のマッピング

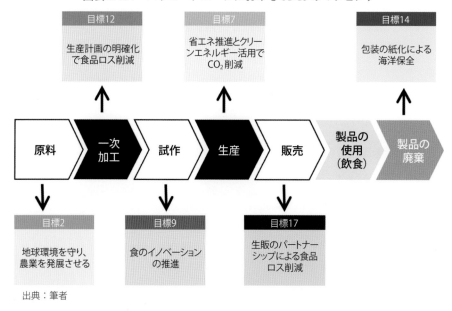

出典：筆者

　次に、SDGs 全体に対する優先課題を決定します。決定にあたっては、以下の負と正の２つの判断基準が有用であり、優先課題評価表を用いて決定します（**図表 3. 3. 2**）。

①現在および将来的な負の影響の規模、強度および可能性を評価し、その影響が主要ステークホルダーにとり、どれほど重要かを検討します。さらなる考慮事項として、規制、需要超過（原料、労働力）、サプライチェーンの途絶、ステークホルダーからの圧力などがあります。そして、負の影響が企業にとってリスクになる可能性も検討します。

②企業が SDGs 全体に対する現在、または将来的な正の影響により成長する可能性や、その影響から利益を得る機会を評価します。具体的には、創意工夫の機会、新しい製品やソリューションの開発の機会、新しい市場領域を開拓する機会などが考えられます。

　後述しますが食品企業にとっては、バリューチェーンによる「食品ロス削減」が大きな課題となり、優先順位が高く評価されるケースが多く見受けられます。

図表 3. 3. 2　SDGs 優先課題評価表

該当工程	目標	内　　容	負の影響重要度	正の影響重要度	優先順位
原　　料	2	地球環境を守り、農業を発展させる	－	3	
一次加工	12	生産計画の明確化で食品ロス削減	3	－	
試　　作	9	食のイノベーションの推進	－	4	○
生　　産	7	省エネ推進とクリーンエネルギー活用で CO$_2$ 削減	4	－	○
販　　売	17	生販のパートナーシップによる食品ロス削減	5	－	◎
製品の廃棄	14	包装の紙化による海洋保全	3	－	

出典：筆者

Let's SDGs　3.4 Step3:未来の姿をイメージして目標を設定する

　食品企業の持続可能性目標の対象範囲は、ステップ2で決定した戦略的優先課題から導き出します。それにより、食品企業の目標は、現在および将来の負の影響を抑制するのみならず、SDGsに正の貢献をする機会を提供するものとなります。また、自社だけの事業範囲にとどまらず、バリューチェーン全体を向上させる機会になります。

　KPI（主要業績評価指標）は、目標の進捗を確認・モニタリングすることで、問題点を明確にするものです。企業によっては、目標の範囲や期限を明確に規定することなく「ゼロカーボン」を達成するという大きな目標など、それ自身では達成状況を測定できない曖昧な目標を設定しているケースがあります。その場合、その一つひとつが具体的かつ測定可能で期限を明確にしたKPIを設定することを推奨します（**図表 3. 4. 1**）。

　目標には、「絶対目標（KPIのみを考慮）」と「相対目標（原単位目標、KPIを産出の単位と比較する）」の2つあります。相対目標は、「企業の単位売上高に対する温室効果ガス排出量を2025年に25%削減する」のように表現します。どちらの目標でも構いませんが、各企業が目指す影響をきちんと説明することを推奨しています。

　また、目標設定アプローチとして、「インサイド・アウト・アプローチ」と「アウトサイド・イン・アプローチ」の2種類があります（**図表 3. 4. 2**）。インサイド・アウト・アプローチは、内部（自社）を中心に、現行レベルまたは同業他社の達成度を基準に目標を考えていきます。もう一方は、アウトサイド・イン・アプローチで、世界的な視点から、今この分野では何が必要かについて外部から検討し、目標を決めていきます。大手食品企業では、目標設定において「アウトサイド・イン」のアプローチの取組みが増えています。

図表 3.4.1　KPI の設定

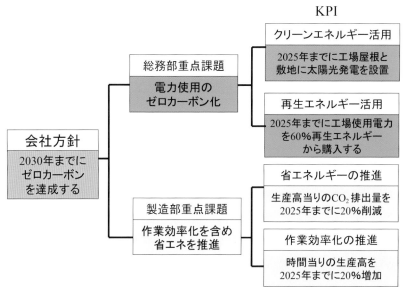

出典：筆者

図表 3.4.2　目標設定アプローチの採用

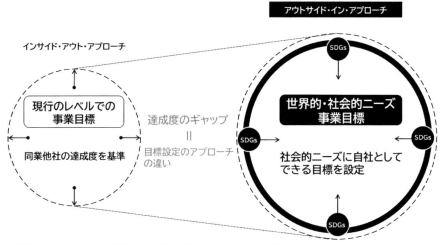

出典：SDG Compass 「SDGs の企業行動指針」より、加工して作成

持続可能な | SUSTAINABLE
社会を目ざして | DEVELOPMENT

Let's SDGs　3.5 Step4：目標を具体化し経営に統合する

　本ステップは、経営へ統合するというステップですが、ここでは、持続可能性を企業の中核事業に統合し、あらゆる部門に持続可能性を組込むことの重要性を伝えています。経営に統合することにより、事業全体として持続可能性を持つ必要が出てきます。最初は一部の組織だけが対象になっていた目標や指標も、全ての部門で設定し、事業としての拡大を目指しながら、持続可能性も担保することが求められています。

　ここでは、食品企業の目標展開事例を示します（**図表 3.5.1**）。この表では、四半期ごとに、進捗管理結果を記入することになっていますが、自部門では「目標管理表」を活用して PDCA を回していくことを推奨します（**図表 3.5.2**）。

　経営への統合には、経営層による積極的なリーダーシップが鍵となります。持続可能性を長期戦略に統合する上で、経営資源の調達という面からも、経営層が果たす役割が重要であるという認識が強まってきています。持続可能な目標を組織内に確実に定着させるには、次に示す 2 つの項目が特に重要です。

①経営層は従業員に「SDGs を活用した持続可能性を事業として取り組む重要性」を明確に伝え、その進展が企業価値を創造すること

②部門や個人が目標の達成において果たす具体的な役割を設定し、持続可能な目標における、定期的な達成度の表彰の仕組みを作ること

　次に、目標設定にあたり、パートナーシップに取組むことの重要性を SDG コンパスでは述べています。企業の役員・管理職などのうち 90% が持続可能性の課題は企業単独では効果的に対処することができないと回答しています。また、多くの団体や企業とパートナーシップを組むことで、持続可能性における課題解決だけでなく、事業の拡大にも貢献する可能性があり

ます。SDGs は、共通の目標・優先課題の下にパートナーを結集させる力を持っています。

図表 3.5.1 食品ロス削減に向けた各部門の目標項目

20XX年度　企業経営方針
ＫＰＩ：SDGsの目標12に貢献
目的：食品ロス削減に向けて、生産者も消費者も責任ある行動をとろう
目標：フードチェーンにおいて、食品ロスを5年後に30％削減します

各部門の初年度の展開目標

部　　門	目　　標	進捗管理			
		第1四半期	第2四半期	第3四半期	第4四半期
営業・商品企画部門	賞味期限延長による食品ロス対応を取引先70％に理解を得る				
研究開発部門	賞味期限延長製品の候補を食品安全上からリストアップして、配合や窒素ガス封入の検討を行う				
品質管理部門	賞味期限延長製品の候補を風味や味の劣化問題からリストアップして、延長の可能性検討を行う				
原料購買部門	原料発注の情報を購買先に的確に伝えることで、購買先の使用期限切れでの廃棄量を20％減少する				
生産管理部門	生産計画をさらに小ロットにして出荷期限切れでの廃棄量を20％減少する				
生産技術部門	ライン上から製品が落下する場所を特定し、ライン改善することにより廃棄量を30％減少する				
製造：加工部門	段取り時間を短縮させて、現状より20％の小ロット化を図る				
製造：包装部門	噛み込み等のシール不良や段取りロスを30％削減する				
設備保全部門	設備調整の制度アップにより、設備保全停止ないしチョコ停止による製品ロスを20％削減する				
経理部門	当社に関連するフードチェーン全体の食品ロス量を把握し、金額換算する				

図表 3.5.2 食品ロス削減に向けた目標管理表

食品ロス削減 目標管理表　　　　　　20XX年下半期　10月 ～ 3月

両図出典：筆者

持続可能な社会を目ざして | SUSTAINABLE DEVELOPMENT

Let's SDGs 3.6 Step5：取組みの達成度の評価と報告による情報共有

　経営に SDGs を統合し、具体的な取組みが進め始めたら、定期的な報告やコミュニケーションが鍵となります。卸・小売・消費者といった多くのステークホルダー（利害関係者）が、食品企業の SDGs への取組みに関心を払っている中、SDGs に関する報告書を公開する重要性は高まっています。

　優先課題として目標を設定した項目に対して、進捗状況や達成度などを具体的に報告することで、自社がどのように社会への責任を果たしているのかを発信することは価値があります。効果的な報告により企業の評価や信頼度が高まり、新たな投資や協業につながる可能性もあります。

　GRI は持続可能性に関する報告について、10 の原則を定めています。すなわち、ステークホルダーの包含（包摂性）、持続可能性の文脈、マテリアリティ（重要性）、網羅性、バランス、比較可能性、正確性、適時性、明瞭性および信頼性です。この 10 項目は、企業が重要な問題に関して質の高い情報を作成する上で重要です。

　SDGs を企業報告に統合するための実践ガイドは、SDG コンパスを基に国連グローバル・コンパクトと GRI が中心となって制作したもので、企業が SDGs を既存の事業プロセスと報告プロセスに組み込む際に役立つ以下の 3 つのステップが示されています（**図表 3.6.1**）。

　ステップ 1：優先的に取組む SDGs ターゲットの決定

　ステップ 2：測定と分析

　ステップ 3：報告、統合、改革の実行

　　　　　ステップ 3 には、3.1 〜 3.3 まであり、以下となっています。

　　　ステップ 3.1：SDGs の報告に際し、優れた取組みの特徴を検討する

ステップ 3.2：データ利用者が必要とする情報を検討する

ステップ 3.3：報告し、改革を実行する

また効果的な報告として、以下の4点がポイントになります。

① 簡潔：簡潔な報告は、優先的に取組む重要な情報に焦点を当てる

② 一貫性：パフォーマンスにおける経年の傾向の評価を可能にする

③ 現在：現在を示す報告は、ビジネス機会についての洞察を与える

④ 比較可能：同業者との比較によってパフォーマンスの評価ができる

図表 3. 6. 1 SDGs を事業プロセスと報告プロセスに組み込む

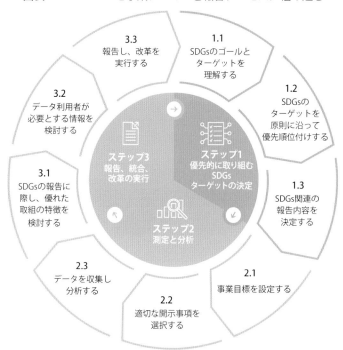

出典：SDGs を企業報告に統合するための実践ガイド

持続可能な社会を目ざして ｜ SUSTAINABLE DEVELOPMENT

Let's SDGs

コーヒーブレイク②
イノベーションの最先端を行く食品産業

　私は 2012 年と 2017 年に「食品企業の生産性向上」をテーマとした書籍を、幸書房から出版する機会を得ることができました。今回は 2020 年の暮れに、食品産業で働く従事者の方々に SDGs を広めたいと思い、幸書房に相談したことがきっかけとなって、本企画が動き出しました。出版社側と何度も企画内容について議論するうちに、企画書は 10 版を数えるまでとなりました。そして今回の企画の特長は、約 30 社の食品企業や食品関連企業に取材を行い、事例を掲載したことにあります。

　取材を始める前は、食品産業は他の産業に比べて、イノベーションの点で遅れているのではないかと思っていましたが、実態は全く違っていました。食品産業にテクノロジーを取り入れることにより、食料不足・食品ロス・食の安全・人手不足など様々な課題にイノベーションをもって対応する姿がありました。今や農業分野から食品製造、食品小売、また間接的に食品産業を支援する製造業やサービス業は、イノベーションの最先端にチャレンジしています。

4.

Let's SDGs

やはり
食品ロス削減は
大切！

Let's SDGs 4.1 食品ロス半減で栄養不足の人をなくそう

　世界ではおよそ 77 億人が生活していますが、2018 年時点で9人に１人である約８億人が栄養不足で飢えに苦しんでいます。食料不足は、後進国・途上国といった貧困に苦しむ国や農業が主となる国で多く見られ、飢餓に陥っています（**図表 4.1.1**）。

　その一方で、先進国では毎年多くの食料が生産・流通されていますが、すべて消費されるわけではなく、余ったものは廃棄されることが多いのです。このように途上国では貧困や気候変動、紛争など様々な理由で食料が不足しており、先進国では過剰に生産され余ってしまった食料が廃棄される「食品ロス（フードロス）」が発生しています。

　世界では毎年 40 億トンの食料が生産されていますが、これは全人口の食を賄うには十分な量です。にもかかわらず、実際は食料が余る国と食料が不足する国が存在するのは、食品ロス

図表 4.1.1　世界の栄養不足人口と栄養不足蔓延率の年度推移

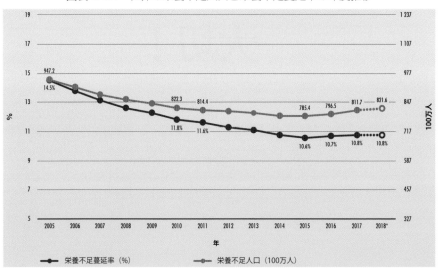

出典：（公社）国際農林業協働協会「世界の食料安全保障と栄養の現状 2019 年報告　要約版」

が原因のひとつとされています。世界では食品ロスを含め食品廃棄物の量は 13 億トンにものぼり、年間の生産量を 40 億トンとすると、その約 3 分の 1 は廃棄されていることになります。

　2015 年の国連サミットで採択された「持続可能な開発のための 2030 アジェンダ」において、食料の損失・廃棄の削減を目標に設定されました。具体的には、以下の 2 つの SDGs ターゲットになっています。

【ターゲット 12.3】

　2030 年までに小売・消費レベルにおける世界全体の一人当たりの食料の廃棄を半減させ、収穫後損失などの生産・サプライチェーンにおける食料の損失を減少させる。

【ターゲット 12.5】

　2030 年までに廃棄物の発生防止、削減、再生利用及び再利用により、廃棄物の発生を大幅に削減する。

　また、2019 年 6 月に行われた、G20 大阪サミットでは、以下のように、食料の損失・廃棄を削減することが宣言に盛り込まれました。

　●農業生産性を高め，食料の損失・廃棄の削減を含め，流通を効率的に行う必要がある。強じんな農業・食品バリューチェーンの発展が重要

　以上の国連の方針を受けて、世界の国々では、様々な食品ロスへの取組みが施行されています。

　フランスでは、2016 年に食品廃棄禁止法が施行されました。食品廃棄物の再生利用などの優先順位を規定するとともに、大型スーパーマーケットは、賞味期限切れなどの理由による食品廃棄はできなくなっています。

　また韓国では、2006 年に食品の寄付活性化に関する法律が施行されています。寄付を行った側の免責や、提供者（フードバンクなど）の損害保険加入の義務付けと費用補助、政府・自治体による寄付促進のための補助について規定されています。

63

持続可能な社会を目ざして ｜ SUSTAINABLE DEVELOPMENT

Let's SDGs 4.2 日本の食品ロスは
どこから来るのか

　世界での食品ロスは、中国・インドが多量に廃棄していますが、日本国内でも一人当たりの廃棄量としては相当量の食品ロスが生まれています。日本では 2018 年の食品廃棄物が年間 2,531 万トンも出ており、そのうちの 600 万トンが食品ロスとされています（**図表 4. 2. 1**）。

　そして、その中でも 276 万トンは家庭から出た食品ロスとなっています。この問題は、餓飢ゼロを掲げる持続可能な開発目標（SDGs）の目標 2 の達成においても、世界および日本が一丸となって解決すべき課題となっています。

　日本での食品ロスが発生する原因は様々あります。事業系食品ロスで見てみると、食品製造業・食品卸売業・食品小売業においては、製造・流通・調理の過程で発生する規格外品・返品・売れ残りなどとなります。一方、家庭系食品ロスで見てみると、食べ残し・直接廃棄・過剰除去などとなります（**図表 4. 2. 2**）。

図表 4. 2. 1　食品廃棄物などと食品ロスの発生量（2018 年推計）

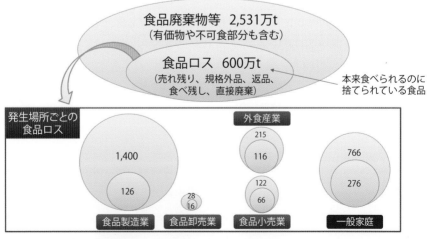

出典：農林水産省 食料産業局
　　　食品ロス及びリサイクルをめぐる情報

食品ロスの推計方法は、事業系食品ロスは農林水産省による毎年の推計であり、家庭系食品ロスは環境省による毎年の推計となっています。

　食品製造業の加工段階で、生鮮食品に対して「外観品質基準」に適さないと廃棄になります。本来であれば、ここからリユースやリサイクルをすべきですが、コストがかかるため廃棄してしまうのです。小売り段階では大量陳列と幅広い品数により、どうしても消費されない食品が出てきます。そうなると残ったものは廃棄されます。

　一方、家庭では、無計画に購入すること、簡単に捨てる余裕があることから消費者は食品を余らせてしまい廃棄してしまいます。

　このように事業系と家庭系で様々な要因が重なり、日本の食品ロスは発生しています。この対策として、本章では行政・地方自治体・民間食品企業・関連サービス企業・個人での様々な取組みを紹介していきます。

65

図表 4.2.2　事業系食品ロスと家庭系食品ロスの発生要因

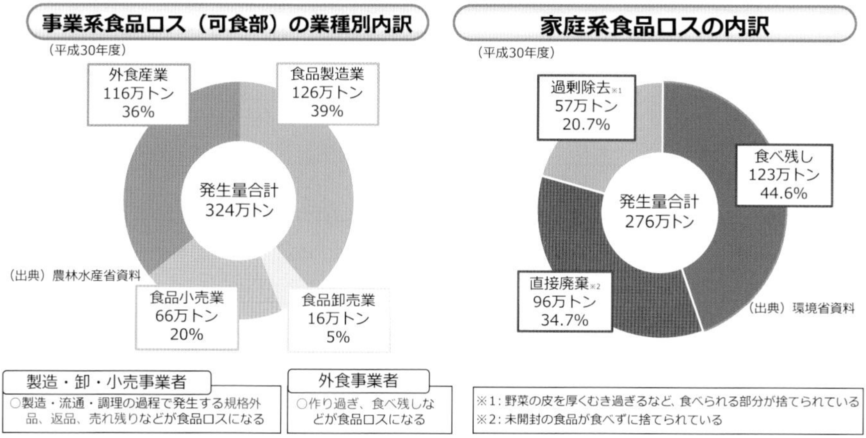

事業系食品ロス（可食部）の業種別内訳
（平成30年度）

外食産業 116万トン 36%
食品製造業 126万トン 39%
発生量合計 324万トン
食品小売業 66万トン 20%
食品卸売業 16万トン 5%

（出典）農林水産省資料

家庭系食品ロスの内訳
（平成30年度）

過剰除去※1 57万トン 20.7%
食べ残し 123万トン 44.6%
発生量合計 276万トン
直接廃棄※2 96万トン 34.7%

（出典）環境省資料

製造・卸・小売事業者
○製造・流通・調理の過程で発生する規格外品、返品、売れ残りなどが食品ロスになる

外食事業者
○作り過ぎ、食べ残しなどが食品ロスになる

※1：野菜の皮を厚くむき過ぎるなど、食べられる部分が捨てられている
※2：未開封の食品が食べずに捨てられている

出典：消費者庁

持続可能な社会を目ざして ｜ SUSTAINABLE DEVELOPMENT

Let's SDGs 4.3 食品ロス削減に向けた6省庁の連携と削減目標

　食品ロスを削減するため、日本では法律が設けられています。それが食品ロス削減推進法と食品リサイクル法です。ここでは、2つの法律についてそれぞれ紹介します。

　食品ロス削減推進法（食品ロスの削減の推進に関する法律）は、2019年10月に施行されました。この法律では、食品ロスの定義や施策による食品ロス削減の推進などが盛り込まれています。すなわち食品ロスの削減に関して、国や地方自治体などの責務などを明らかにしつつ、基本方針の策定や食品ロス削減に関する施策の基本事項を定め、総合的な推進を目的としています。

　食品ロス削減に向けた政府の体制としては、消費者庁・環境省・経済産業省・農林水産省・厚生労働省・文部科学省の6省

図表 4.3.1　食品ロス削減推進法

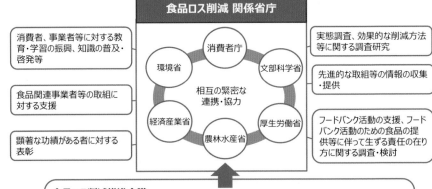

出典：消費者庁

庁が、相互連携・協力しながら取組んでいくもので、関係大臣と有識者が集まり、食品ロス削減推進会議を開催し、食品ロスに関する基本方針案を作成していきます（**図表4.3.1**）。

　食品リサイクル法は、食品の売れ残りや食べ残し、あるいは食品の製造工程で大量に発生している食品廃棄物に関して、発生抑制と減量化を行い、最終的に処分する量を減少させることを目的とした法律です。

　食品が処分となってしまったとしても、飼料や肥料などの原材料として再利用するなど、食品循環資源の再生利用を促進する目的も盛り込まれており、削減と再利用を推進する取組みが進められてきました。

　食品ロス削減の数値目標としては、食品リサイクル法および食品ロス削減推進法の基本方針により、2030年度に向けて、2000年に比べ、家庭系食品ロス量、事業系食品ロス量いずれも半減できるように取組みを推進しています（**図表4.3.2**）。

67

図表4.3.2　食品ロスの推移と削減目標

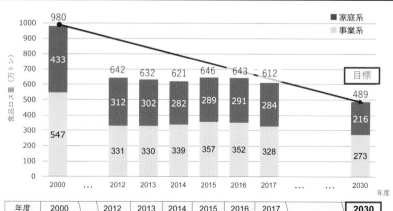

年度	2000		2012	2013	2014	2015	2016	2017		**2030**
家庭系	433		312	302	282	289	291	284		**216**
事業系	547		331	330	339	357	352	328		**273**
合計	980		642	632	621	646	643	612		**489**

出典：消費者庁

持続可能な　SUSTAINABLE
社会を目ざして　DEVELOPMENT

Let's SDGs   4.4 食品ロス削減に向けた家庭からの取組み

　消費者庁の食品ロスに関する調査結果では、家庭で食材を捨ててしまう理由として、①食べきれない、②野菜などを傷ませる、③賞味・消費期限が切れる が挙げられています（**図表4.4.1**）。

　消費者庁では上記を受けて「食品ロス削減啓発用パンフレット：買物編・家庭編」を啓発用に出しています（**図表4.4.2**）。食品ロスを減らすためには、小さな行動であっても、一人ひとりが取り組むことで、大きな削減につながります。後進国や途上国では、食料不足により飢餓に陥っていることを考えたときに、食べものを無駄にしないという意識はあっても、なかなか行動に移せないという実態は改善の余地があります。そこで、本パンフレットが参考になります。

■買物時の工夫

　買物をした後に、冷蔵庫に同じ食材があったことに気づき、食材を余らせてしまうケースもあります。無駄をなくすためにも、事前に冷蔵庫や食品庫にある食材を確認します。買物前に、冷蔵庫内を、メモやスマホで撮影しておくのも工夫です。お得なまとめ買いをしたものの、使わずに、期限が過ぎてしまい捨ててしまうことがよくあります。必要な時、必要な分だけ買うようにしましょう。

図表4.4.1　家庭で食品を廃棄してしまう理由

出典：消費者庁

■調理、食事での工夫

　誤った方法で食品を保存すると、劣化が早くなる場合があります。保存は正しい方法で、食品をおいしく食べきりましょう。一度に食べきれない野菜は、冷凍や乾燥の下処理や小分け保存などをして、食材を長持ちさせる工夫をしてみることも大切です。

　新しく買ってきた食材であっても残っている食材から使いきるようにすると食品ロスの防止になります。また、体調や健康、家族の予定も配慮し、食べきれる量を作るようにし、家族とのコミュニケーションで、食品ロスがでないようにすると良いでしょう。仮に料理を作り過ぎてしまった場合でも、リメイクレシピ（余ったおかずやご飯をリメイクして、別の味付けにして生まれ変わらせてしまうこと）などで食べきることも大切です。

図表4.4.2　食品ロス削減啓発用パンフレット

お買物編

1 買物前に、食材をチェック

買物前に、冷蔵庫や食品庫にある食材を確認する

▷ メモ書きや携帯・スマホで撮影し、買物時の参考にする。

2 必要な分だけ買う

使う分・食べきれる量だけ買う

▷ まとめ買いを避け、必要な分だけ買って、食べきる

3 期限表示を知って、賢く買う

利用予定と照らして、期限表示を確認する

▷ すぐ使う食品は、棚の手前から取る

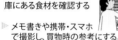

ご家庭編

1 適切に保存する

▷ 食品に記載された保存方法に従って保存する

▷ 野菜は、冷凍・茹でるなどの下処理をして、ストックする

2 食材を上手に使いきる

▷ 残っている食材から使う

▷ 作り過ぎて残った料理は、リメイクレシピなどで工夫する

クックパッド消費者庁のキッチンリメイクや食材を使いきるレシピを参考にしてみましょう。詳しくはQRコードへ

3 食べきれる量を作る

▷ 体調や健康、家族の予定も配慮する

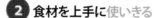
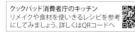

出典：消費者庁

69

持続可能な
社会を目ざして | SUSTAINABLE DEVELOPMENT

Let's SDGs 4.5 期限表示の正しい理解と延長の取組み

　消費者庁は、食品の期限表示（賞味期限・消費期限）について、国際規格との整合性をとって製造年月日表示から期限表示に変更しました。消費期限は、弁当、調理パン、そうざい、生菓子類、食肉、生めん類など品質が急速に劣化しやすい食品に、また賞味期限は、スナック菓子、即席めん類、缶詰、乳製品など品質の劣化が比較的穏やかな食品に表示されています。

　消費期限とは、開封前の状態で、定められた方法で保存した場合、腐敗、変敗その他の品質の劣化に伴い安全性を欠くことがないと認められる期限を示しています。このため、消費期限を過ぎた食品は食べられません。一方、賞味期限とは、開封前の状態で、定められた方法で保存した場合、期待される品質の保持が十分に可能であると認められる期限を示しています。た

図表 4.5.1　消費期限と賞味期限の違いの明確化

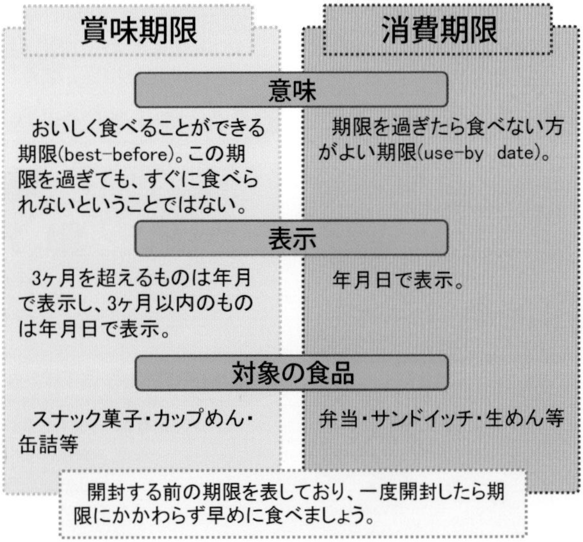

賞味期限	消費期限
意味	
おいしく食べることができる期限(best-before)。この期限を過ぎても、すぐに食べられないということではない。	期限を過ぎたら食べない方がよい期限(use-by date)。
表示	
3ヶ月を超えるものは年月で表示し、3ヶ月以内のものは年月日で表示。	年月日で表示。
対象の食品	
スナック菓子・カップめん・缶詰等	弁当・サンドイッチ・生めん等

開封する前の期限を表しており、一度開封したら期限にかかわらず早めに食べましょう。

出典：消費者庁

だし、当該期限を過ぎた場合であっても、これらの品質が保持されていることがあります。このため、賞味期限を過ぎた食品であっても、必ずしも食べられないわけではなく、食べて良いかどうかは消費者が個別に判断します（**図表4.5.1**）。

　ここで、食品ロス防止の考え方について述べると、賞味期限を過ぎた場合であっても、食品の品質が十分保持されていることがあり、すぐに捨てるのではなく、その見た目や臭いなどにより、五感で個別に食べられるかどうかを判断することを推奨しています（**図表4.5.2**）。

　加工食品に賞味期限を設定する場合、客観的な指標に基づいて得られた期限に対して、一定の安全をみて、食品の特性に応じ、品質上のばらつきや変動が少ないと思われるものについては、安全系素0.8程度を目安に設定することを基本としています。食品ロスを削減する観点からも、過度に低い安全係数を設定することは望ましくないとしています。

　多くの食品製造業において、賞味期限延長の取組みがされています。取組み事例としては、食品の期限設定に関する法律やガイドラインなどを基に、品質管理部門が官能検査（味、におい、色、食感）、微生物検査、理化学検査（水分、pH、水分活性など）を行い、再設定しています。これにより、食品ロスの削減につながり、資源生産性の向上に寄与しています。

図表4.5.2　消費期限と賞味期限の劣化のイメージ

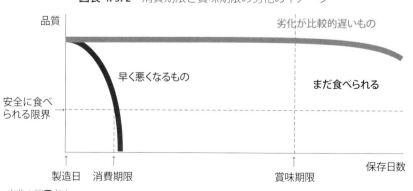

出典：消費者庁

持続可能な
社会を目ざして | SUSTAINABLE
DEVELOPMENT

Let's SDGs 4.6 食品ロスを生む流通と食品企業との商慣習の見直し

　小売店などが設定するメーカーからの納品期限および店頭での販売期限は、製造日から賞味期限までの期間を３等分して商慣習として設定される場合（1/3 ルール）が多く、食品廃棄発生のひとつの要因とされてきました。このことは、フードチェーン全体で解決する必要があり、農林水産省は。製造業・卸売業・小売業の話し合いの場である「食品ロス削減のための商慣習検討ワーキングチーム」を 2012 年より設置し、その取組みを支援してきました。

　賞味期限６ヵ月の食品において、諸外国との納品期限に関する比較をした場合、日本が２ヵ月に対して、アメリカは３ヵ月、フランスは４ヵ月となっていました。これを受けて、賞味期間の 1/3 までに小売に納品しなければならない商慣習上の期限（1/3 ルール）を 1/2 に緩和することを推進してきました。

　具体的には、飲料および賞味期間 180 日以上の菓子、カップ麺などについて、各団体に納品期限の緩和に向けた取組依頼をしました。この結果、食品製造業としては、鮮度対応生産の削減など未出荷品廃棄の削減につながりました。

図表 4.6.1　食品の納品期限と販売期限の緩和

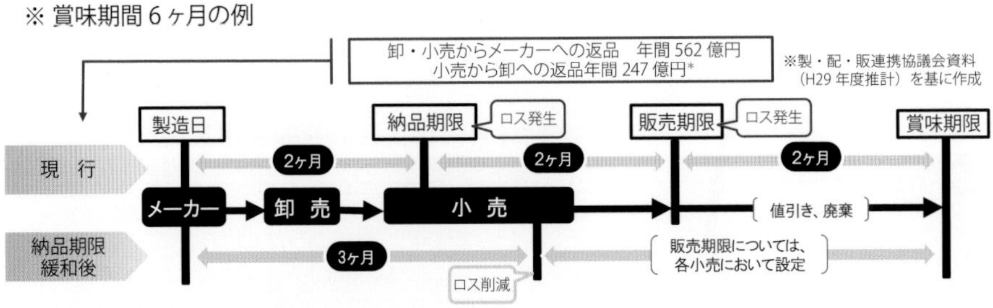

※ 賞味期間６ヶ月の例

卸・小売からメーカーへの返品　年間 562 億円
小売から卸への返品年間 247 億円*

※製・配・販連携協議会資料
（H29 年度推計）を基に作成

製造日　納品期限　ロス発生　販売期限　ロス発生　賞味期限

現　行　メーカー　2ヶ月　卸　売　小　売　2ヶ月　2ヶ月　値引き、廃棄

納品期限緩和後　3ヶ月　ロス削減　販売期限については、各小売において設定

出典：農林水産省 食料産業局

　一方、店舗側の販売期限についての調査をしたところ、菓子類は、購入後平均で約2週間、9割以上が30日間以内に消費していることが判明しました。これを受けて賞味期限6ヵ月の場合は、販売期限として、1〜1.5ヵ月に設定するなど、各小売において設定することで大幅な食品ロスに繋がりました（**図表4.6.1**）。

　また、賞味期限が3ヵ月を超える食品については年月表示も可能としました。これにより、日付管理から月管理になることで、食品製造業・卸売業・小売業において、保管スペース、荷役業務、品出し業務などを効率化することができました（**図表4.6.2**）。

　このような取組みは、食品製造サイドと店舗サイドの単独だと実現が難しく、フードチェーン全体での取組みが必要であり、行政が間に入って推進してきたことが効果に繋がっています。

図表4.6.2　賞味期限の年月表示化の期待効果

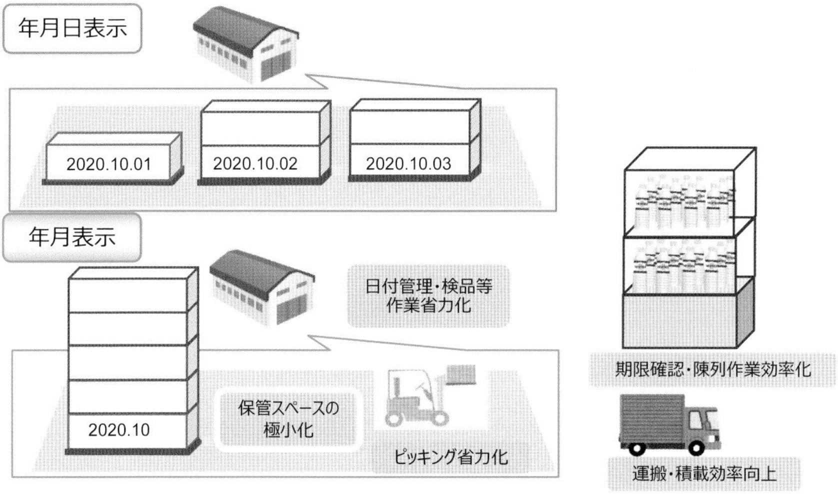

出典：農林水産省 食料産業局

73

持続可能な社会を目ざして | SUSTAINABLE DEVELOPMENT

Let's SDGs　4.7 天気予報による需要予測（AI）を活用した食品ロス削減

　食品生産や流通のタイミングには、気象条件が大きく関わってきます。特に、需要予測システムにおいて、気象の変化を正確に予測するための精度については、さらなる向上が食品業界にとって大きな課題でした。

　一般財団法人 日本気象協会は、需要予測の精度向上・共有化による省エネ物流プロジェクトとして、解析や実証実験を実施してきており、2014年からは経済産業省の「次世代物流システム構築事業」に採択されています。

　現状は、分断されたサプライチェーンのため全体最適な物流が実現していない、また食品メーカー、卸・流通、小売が独自に需要量の予測を行っているため、注文量の相違が生じて食品ロスが発生していました。そこで、高度化された、気象情報（長期予測など）も利用しつつ、製・配・販がPOSデータや売上などのビッグデータを共有し、協働で需要予測システムを開発しています（**図表4.7.1**）。

図表4.7.1　気象を利用した需要予測

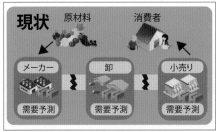 

出典：一般財団法人 日本気象協会

　ここでは日配品（豆腐）の事例を紹介します。豆腐は廃棄（食品ロス）が多く、気温感応度も含め、曜日・特売・来店客数の影響を受けやすい商品です。商品カテゴリ分類をし、豆腐指数・気温（前週と今週）・体感気温・天気をパラメータにして解析した結果、食品ロス約30%の削減を達成しました。

　また日本気象協会は、POSデータと連携、AIを活用することで、『売りドキ！予報』として、小売事業者に安価に需要予測情報を提供することを始めました。このシステムは、店舗担当が天気予報や需要予測指数をスマホやタブレット端末で気軽に確認することができ、発注量や加工量、棚割を調整し、生産性を向上させることを目的としています（**図表 4.7.2**）。

図表 4.7.2　AI を活用した需要予測

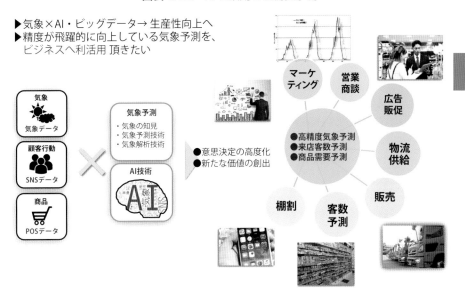

75

出典：一般財団法人 日本気象協会

持続可能な
社会を目ざして　｜　SUSTAINABLE
DEVELOPMENT

Let's SDGs　4.8 消費者庁＋地方自治体の食品ロス削減提案

　消費者庁では、地方公共団体における食品ロス削減の取組状況について定期的に発表しています。2019年度の地方公共団体における食品ロス削減の取組状況によると、その取組み内容では、「住民、消費者への啓発」が最も多く、次いで「子どもへの啓発・教育」、「飲食店での啓発促進」の順となっています（**図表4.8.1**）。

　全国おいしい食べきり運動ネットワーク協議会は、「おいしい食べ物を適量で残さず食べきる運動」の趣旨に賛同する普通

図表 4.8.1　地方公共団体の食品ロス削減の取組み

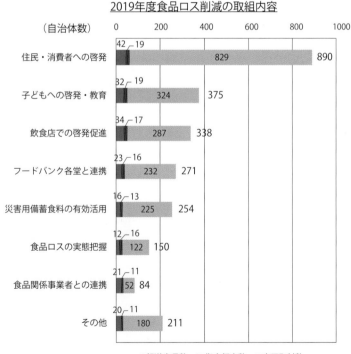

2019年度食品ロス削減の取組内容

出典：消費者庁

地方公共団体により、広く全国で食べきり運動などを推進し、3Rを推進すると共に食品ロスを削減することを目的として、2016年に設立された自治体間のネットワークです。「食べきり運動」の普及・啓発や「食べきり運動」に関する取組みや成果の情報共有および情報発信を主な目的としています。

　ここでは、上記ネットワーク協議会事務局を担当している福井県の事例を紹介します。福井県は「おいしいふくい食べきり運動」として、飲食店・料理店・ホテル・食品販売店・県連合婦人会などと連携し、全県の取組みとして運動を推進しています（**図表4.8.2**）。

　外食時に、食べ残しを減らす取組に協力する「おいしいふくい食べきり運動協力店」を募集して、ウェブサイトに掲載するとともに、ステッカーを配布しています。

　また地域・くらしの視点に立った活動を行っている福井県連合婦人会と連携しながら、県民の食品ロス削減の意識向上を図るための運動を展開し、定着を目指しています。

〈食べきり運動協力店ステッカー〉

図表4.8.2　おいしいふくい食べきり運動

おいしいふくい食べきり運動とは？

STEP1
家庭やホテル・レストランなどで、おいしい福井の食材を使っておいしい料理を作り

STEP2
作られた料理をおいしく食べきって

STEP3
残ってしまった料理は、家庭で新たな食材としてアレンジ料理に活用し、外食時には持ち帰って家庭で食べきろう!

出典：福井県

持続可能な社会を目ざして | SUSTAINABLE DEVELOPMENT

Let's SDGs　4.9 食品リサイクルは法律で再生利用目標が設定されている

食品リサイクル法において、食品循環資源の再生利用促進の基本的方向を示しています。その内容は、食品廃棄物の発生抑制を優先的に取組んだ上で再生利用を実施するというものです。食品循環資源の再生利用手法の優先順位は、飼料化、肥料化、きのこ菌床への活用、その他メタン化の順となっています（**図表4.9.1**）。

食品製造業から排出される廃棄物は、成分と量が安定していることから、分別レベルも容易であり、栄養価を最も有効に活用できる飼料、または肥料へのリサイクルが適しています。

一方、外食産業や家庭から排出される食べ残しなどの廃棄物は分別が困難であり、家畜に対して有害なものが混入する可能性があるため、比較的分別が粗くても対応可能なメタン化が有効です。しかし、設備コストが高額というデメリットがあります。

図表4.9.1　食品廃棄物の種類と再生利用の手法

業種	食品廃棄物の種類	分別のレベル	リサイクル手法		メリット	デメリット
食品製造	●大豆粕・米ぬか ●パン・菓子屑 ●おから等 ●製造残さ（工場） ●返品・過剰生産分	容易	飼料化	飼料化	・畜産農家におけるエコフィードの利用拡大により、需要は堅調	・異物除去や食品残さの品質管理・成分分析等が必要
食品卸・小売	●調理残さ（店舗） ●売れ残り（加工食品） ●〃　（弁当等）		肥料化（堆肥化）	肥料化	・初期投資が少なく技術的なハードルが低いことから新規参入が容易	・最終製品価格が安く、需要も必ずしも多くないため利益を上げにくい
外食	●調理屑（店舗） ●食べ残し（店舗）		メタン化	メタン化	・他のリサイクル手法に比べて、比較的分別が粗くても対応が可能	・設備導入が高コスト ・副産物利用の方法に検討が必要で、処理する場合にはコストが必要
家庭	●調理屑 ●食べ残し	困難				

出典：農林水産省　食料産業局

　基本方針で定めた再生利用など実施率の業種別実態は、食品製造業が 95％と高い水準にありますが、他の業種はまだまだ改善の余地があります。そこで 2024 年度までに、食品製造業 95％、食品卸売業 75％、食品小売業 60％、外食産業 50％と再生利用の目標を設定しました（**図表 4.9.2**）。

　再生利用の課題については、生産面と肥料・飼料の利用面の 2 つとなります。生産面としては、食品流通の川下（小売業、外食産業）における分別の更なる促進、地方では季節性のある原料（ジュース粕、規格外野菜など）が多いことから、年間を通じた安定生産・供給が課題となります。肥料・飼料の利用面としては、利用農家における肥料・飼料設計、施用・給与技術などの向上が必要となります。

　これらの課題に対して、順次対策を提供していく必要があります。また、各事業者に再生利用の目標についての理解度促進も必要です。

図表 4.9.2　食品産業における再生利用など実施率の推移

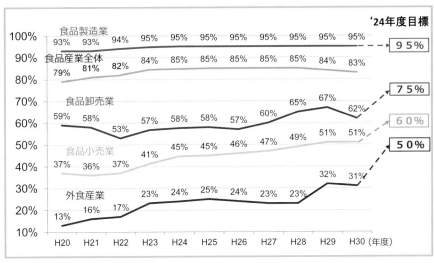

出典：農林水産省　食料産業局

持続可能な社会を目ざして　SUSTAINABLE DEVELOPMENT

Let's SDGs　4.10　食品産業における食品リサイクルループの推進

　食品リサイクル法の中に、再生利用事業計画認証制度があります。そのスキームは、食品関連事業者から発生する廃棄物から肥料・飼料を生産し、それを用いて生産した農産物・畜産物などを食品関連事業者が取り扱うというものです。食品関連事業者とリサイクル業者、農業者・畜産者などの３者が連携して策定した食品リサイクルループの事業計画について、主務大臣の認定を受けることにより、廃掃業者は廃棄物処理法に基づく収集運搬業の許可（一般廃棄物に限る）が不要となる特例を活用することが可能になります（**図表4.10.1**）。

　山崎製パン株式会社は、パンの耳を再生利用して作られた飼料について、エコフィードの認証を受けています。エコフィード（eco-feed）とは、食品残渣などを利用して製造された飼料です。エコフィードの利用は、食品リサイクルによる資源の有効利用のみならず、飼料自給率の向上などを図る上で重要な取組みです。大豆やトウモロコシなどの家畜用飼料の原料の多く

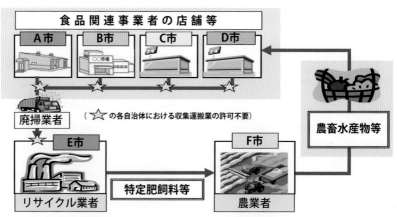

図表4.10.1　食品リサイクルループのモデル

出典：農林水産省　食料産業局

は輸入品ですが、パンの耳を再生利用することは輸入量の削減
につながります。

　山崎製パン名古屋工場では、2020年4月から、工場から発
生するパンの耳や製品ロスを飼料業者に委託⇒その飼料を養鶏
に使用⇒卵を液卵に加工⇒同名古屋工場で菓子パン製品に使用
し販売（約200,000個/日）する、という取組みを実施してい
ます。資源を循環的に利用する仕組み「リサイクルループ」を
構築し、食品ロスの削減に努めています（**図表4.10.2**）。

図表4.10.2　山崎製パンの食品リサイクルループ

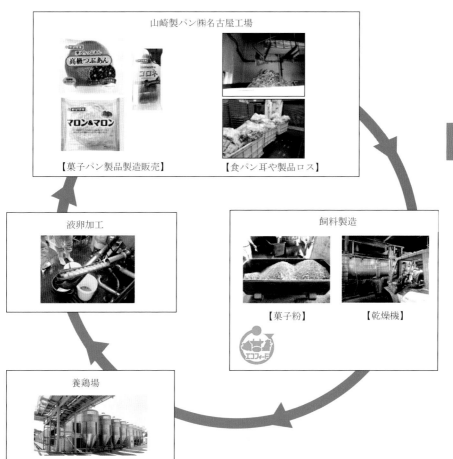

出典：山崎製パン株式会社

持続可能な
社会を目ざして｜SUSTAINABLE DEVELOPMENT

Let's SDGs 4.11 必要な人へ必要な食事を

フードバンクへ寄付しよう

　フードバンク活動とは、生産・流通・消費などの過程で発生する未利用食品を食品企業や小売り、市民、農家などからの寄付を受けて、必要としている人や施設などに提供する取組みです。フードバンク活動はもともと米国で始まり、約50年の歴史がありますが、日本では全国で約130団体が活動しており、ようやく広がり始めたところです（**図表4.11.1**）。日本の子どもの貧困率は約14％もあり、OECD加盟国34ヵ国中、10番目に高くなっています。

　農水省は、食品の品質管理やトレーサビリティに関するフードバンクの適切な運営をすすめ、信頼性向上と取扱数量の増加につなげるため、フードバンク活動における食品の取扱いなどに関する手引きを作成しています。その項目は、①食品の提供又は譲渡における原則、②関係者におけるルールづくり、③提供にあたって行うべき食品の品質・衛生管理、④情報の記録および伝達、となります。

　認定NPO法人 フードバンク山梨は、2008年に米山理事長が山梨で設立した団体です。十分に食べられるのに、箱が壊れ

図表4.11.1　国内のフードバンク団体数の推移

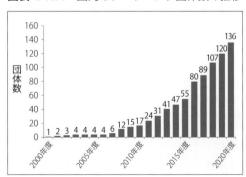

出典：消費者庁より、加工して作成

たり印字が薄くなったりして販売できない食品や、家庭から出る余剰食品を寄贈してもらい、生活困窮家庭や施設・団体に無償で寄贈しています（**図表 4.11.2**）。

　同法人は、「フードバンクこども支援プロジェクト」を実施しており、2019 年冬の活動では、約 300 人のボランティアが仕分けなどに参加しました。また、市民参加の「フードドライブ活動」を実施しています。一般家庭が食品を寄付することで、市民同士が助け合う共助の関係を築くことになります。

　2010 年から、生活困窮世帯への支援を始め、「食のセーフティネット事業」を実施しています。これは、行政や社会福祉協議会、ホームレス支援団体、外国人支援団体などの公、民の機関・団体から生活困窮者の情報を得て、支援が必要と認められた方々に食料を届けるシステムです。

　フードバンクの運営上の課題は運営費の収集です。食料は寄贈品ですが、食料を保管しておく倉庫料金や食料を送付する宅配料金、フードバンクを運営する人件費が必要になります。アメリカのように政府からのサポートは十分とはいえず、民間企業や個人からの支援によるのが現状です。

83

図表 4.11.2　フードバンク山梨の活動

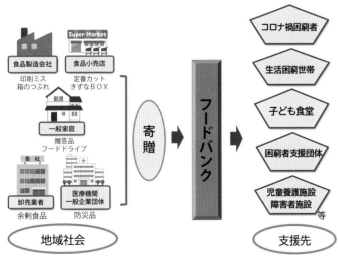

出典：認定 NPO 法人 フードバンク山梨

Let's SDGs　4.12　食べ物を無駄にしない
マッチング市場の開発を

　新型コロナウイルス感染症の影響で、新しい生活様式が定着しつつあります。「三つの密（密閉・密集・密接）」を回避し、感染リスクが高まる「5つの場面（飲酒を伴う懇親会など、大人数や長時間におよぶ飲食、マスクなしでの会話、狭い空間での共同生活、居場所の切り替わり）」に注意することが必要です。店舗は営業時間の短縮などを行うとともに、テイクアウトやデリバリー、インターネット販売を行うなど販売方法を工夫し、食品の有効活用に取り組んでいます。

　最近では、引き取り手がなく捨てられそうな新鮮な農産物・加工食品を、安価で販売するインターネットサイトが開設されています。このようなサイトを活用すれば、家に居ながら食品を購入できるという新しい生活様式に対応することができます。

　株式会社クラダシは、2014年にソーシャルビジネスを展開するために創業し、食品ロス削減のため、日本初・最大級の社会貢献型ショッピングサイト「KURADASHI」を運営しています。何もしなければ廃棄されてしまう商品を、インターネットを活用

図表4.12.1　クラダシのビジネスモデル

三方良しのビジネスモデル

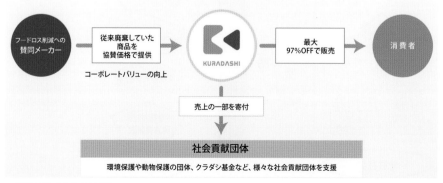

出典：株式会社クラダシ

して迅速に消費者ニーズとマッチングさせることで、食品ロスや廃棄物の発生の大幅な削減に取組んでいます（**図表 4. 12. 1**）。

　事業者側の食品ロスを削減するためには、ブランドイメージと市場価格を守り、通常取引に支障をきたさない新たな流通市場の形成が必要であり、クラダシは「1.5 次流通」という今までにない商流を展開しています。2021 年 8 月現在で、25 万人の会員（消費者）を擁しており、ウェブサイトで約 1,500 種類の商品を選定することができます（**図表 4. 12. 2**）。

　クラダシは自らが社会貢献活動を行うために創設した「クラダシ基金（売上の 1 ～ 5%）」を活用して、①地方創生、②フードバンク支援、③災害対策支援、④ SDGs 教育を行っています。食品提供者にとっても消費者にとってもクラダシを活用することにより、食品ロス削減はもとより、社会貢献しているという意識が芽生えます。このような循環経済の取組みが高く評価され、クラダシは環境大臣賞、農林水産大臣賞、消費者庁長官賞など多数受賞しています。

85

図表 4. 12. 2 　「KURADASHI」ウェブサイト

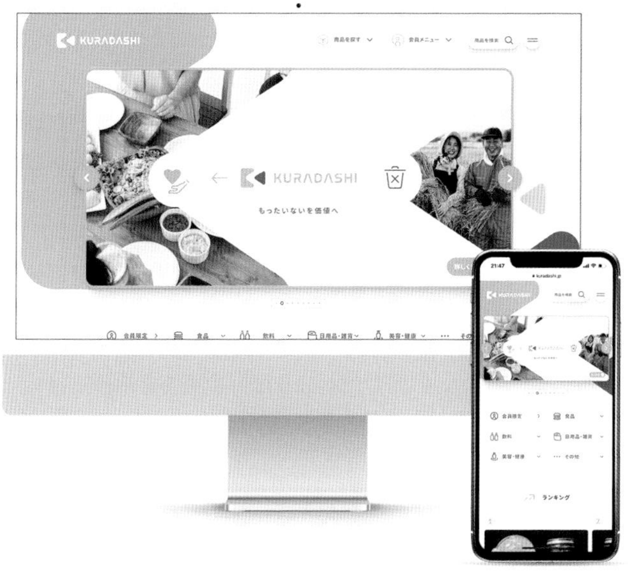

出典：株式会社クラダシ

持続可能な社会を目ざして | SUSTAINABLE DEVELOPMENT

Let's SDGs　4.13 Z世代の発想

茶色くなったバナナはおいしい

　　まだ食べられるのにも関わらず捨てられてしまう食品ロス量は、日本だけで年間 600 万トンにものぼります。これは世界食料計画が世界で飢餓に苦しむ人々に配る食料の 1.5 倍にもなり、国民一人当たりに換算すると、毎日お茶碗一杯分の食べ物が捨てられていることになります。

　　そんな中、2019 年に 3 人の大学生が始めた、食品ロスを解決するためのプロジェクトがあります。廃棄されてしまう茶色いバナナを救う「大人なバナナプロジェクト」です。「大人なバナナ」とは、熟して皮が茶色くなったバナナのことを表します（**図表 4. 13. 1**）。

　　メンバーの一人がスウェーデン留学中に、仲間たちとスーパーや卸売り業者で捨てられてしまう予定の食べ物を救う活動をする中で、まだ食べられる状態の食べ物がたくさん捨てられていることに問題意識を抱いたことがこの活動を始めたきっかけです。

図表 4. 13. 1　バナナの悲しい現実

"大人"なバナナとは？

甘く熟した、茶色いバナナのこと。
市場に出ているのは、黄色い"子ども"なバナナ。
これまでの完璧なバナナは黄色であった。
そのため、"大人"なバナナは売れず、
ゴミ箱に行くことが多かった。
茶色くなった"大人"バナナは、より甘く、免疫力を高めてくれ、
まだまだ美味しく食べることができます。
私たちはそんな"大人"なバナナがまだ美味しく食べられる！
ということを皆さんに知ってもらいたいという思いで、
プロジェクトをスタートしました。

出典：大人なバナナプロジェクト

　「大人なバナナ」というユニークなネーミングと身近なフルーツに着目した点が話題を呼び、Z 世代を中心に活動の認知度は高まっています。大人なバナナプロジェクトは、皮が茶色くなったバナナを多くの人に食べてもらうため、バナナケーキを販売するイベントの開催やサステナビリティ関係のイベントでの講演、バナナスイーツのアイデアの SNS 発信など、幅広く活動を行いました。

　2019 年の秋にはクラウドファンディングを行い、より多くの人に身近なバナナをきっかけに、食品ロスや環境問題を考えてもらうためのイベントを開催。東京・豪徳寺のカフェで、普段捨てられがちな茶色いバナナを使った「"大人"なバナナケーキ」を販売しました（**図表 4. 13. 2**）。

　イベントでは 3 日間で 200 個のケーキを販売し、100 本の"大人な"バナナを廃棄ロスから救いました。中学生から社会人まで幅広い世代が訪れ、食品ロス解決を身近に感じるきっかけになったといいます。

87

図表 4. 13. 2　3 人による"大人"なバナナケーキの宣伝

出典：大人なバナナプロジェクト

持続可能な
社会を目ざして　｜　SUSTAINABLE
DEVELOPMENT

Let's SDGs

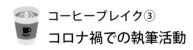

コーヒーブレイク③
コロナ禍での執筆活動

　本書を執筆するにあたり、約30社の食品企業や食品関連企業に取材を行いましたが、コロナ禍の影響が色濃くありました。従来なら訪問して対面で取材をしていましたが、幸いにして今回はZoomを活用したWEBでの聞き取りがほとんどで、効率的な取材ができました。また、遠隔地に取材に出かけなくてもインタビューできたことはかなりのメリットでした。コロナ禍の影響がなければ、これほどまでに短時間で執筆活動はできなかったと思います。

　取材の効果として、オリジナルの写真や図を多くお借りすることができました。これらは、Zoomの画面共有の機能を使い見ることができ、その場で資料提供をお願いしたこともありました。WEBでの取材は、予め準備をするので、30分程度でインタビューが終了したケースがほとんどでした。今回はこれらの経験をしながら、コロナ禍での執筆活動の変遷を感じたものでした。

5.

Let's SDGs

食品産業に
CO_2削減って
関係ある？

Let's SDGs　5.1 世界と日本の
エネルギー事情

　2020年の日本国内の全発電電力量（自家消費含む）に占める再生可能（自然）エネルギーの割合は前年の18.5%から20.8%に増加しました。構成比は、太陽光8.5%、水力7.9%、バイオマス3.2%、風力0.9%、地熱0.3%となっています（図表5.1.1）。

　日本国内の太陽光発電の年間発電電力量の割合は、2020年には前年の7.4%から8.5%に増加しました。バイオマス発電の年間発電電力量は前年から約2割、風力発電も1割程度増加しています（図表5.1.2）。

　しかしながら、日本の化石燃料による火力発電の年間発電電力量の割合は前年から横ばいで75%と依然高いレベルです。欧州では、すでに再生可能エネルギーの年間発電電力量の割合が40%を超える国が多くあり、欧州全体の平均でも38.6%に達して、化石燃料による発電の割合37.3%を始めて上回りました（図表5.1.3）。

　日本は再生可能エネルギーの比率が、まだまだ低い状況ですが、次第に使用を目標にする企業が増えてきました。企業が自らの事業の使用電力を100%再生可能エネルギーで賄うことを

図表5.1.1　日本全体の電源構成

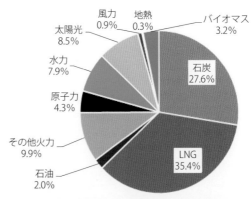

出典：特定非営利活動法人 環境エネルギー政策研究所

目指す、国際的なイニシアティブ（RE100）があり、世界や日本の企業が参加しています。

　RE100 に加盟した企業は、自社施設の屋根の上に太陽光発電を設置したり、自社の敷地に太陽光発電や風力発電を設置して、再生可能エネルギーを自社の企業活動に活用します。また、再生可能エネルギー由来の電気のみを売電する電力会社から電力の供給を受けたり、再生可能エネルギーによる環境価値を市場から買い取ることで、自社の企業活動で必要となるエネルギーを再生可能エネルギーだけで賄う活動が加速されています。

図表 5. 1. 2　日本の全発電電力量に占める自然エネルギー割合の推移

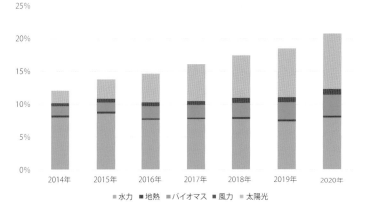

凡例：■水力　■地熱　■バイオマス　■風力　■太陽光

出典：特定非営利活動法人　環境エネルギー政策研究所

図表 5. 1. 3　各国の発電電力量に占める自然エネルギーの割合比較移

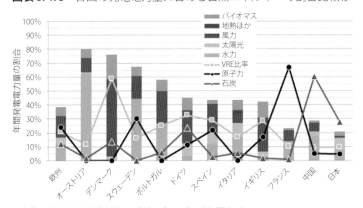

出典：特定非営利活動法人　環境エネルギー政策研究所

持続可能な
社会を目ざして ｜ SUSTAINABLE
DEVELOPMENT

Let's SDGs　5.2 クリーンエネルギーとしての太陽光発電の活用

　ここでは、再生エネルギーの中で最も活用されている太陽光発電について解説します。日本では1970年代から、太陽光発電の開発・普及に取組んでいました。一時は石油の値下がりなどで、国内市場は縮小傾向にあったものの、2010年代から太陽光発電の導入量は急上昇しています。特に2011年の東日本大震災以降、日本政府はエネルギー政策を推進し、再生可能エネルギーの固定価格買い取り制度を導入したことも大きく影響しています。

　太陽光発電は、内部に設置されている「N形」「P形」と呼ばれる2種類の半導体に光を当てて発電する仕組みになっています。プラスとマイナスの電極に挟まれた半導体に光が当たると、内部の電子が光のエネルギーを吸収して動き出します。プラスとマイナスの電極を導線で繋ぐと、動いた電子のエネルギーが電流を生み出します。このように太陽光発電は、日々の発電状況や使用量も確認できるなど、とても便利なものです。

　太陽光発電の主なメリットとして、以下が挙げられます。

- 太陽光は一年中降り注ぎクリーンで枯渇しない
- 発電時に二酸化炭素を出さないため環境にやさしい
- 設置場所を選ばない
- メンテナンスが簡単

　太陽光発電は、自然のエネルギーである太陽光を利用したものなので、エネルギー源が無尽蔵であり、またCO_2などの大気汚染物質を発生させることがありません。また、住宅のスペースに合わせて設置することができ、構造がシンプルであるためメンテナンスも簡単です。地域によっては地方自治体が太陽光発電システムの導入に対して補助金を出しているところもあります。

　一方、太陽光発電のデメリットとして、天候に左右されやす

いため、電力供給が不安定であると言われてきました。もちろん日照量によって、太陽光発電によって生み出される電気には差が生まれますが、日本は全国的に1年中、太陽光が降り注いでいる国です。現在では発電機器の性能も向上し、太陽光発電のデメリットは解消されてきています。

　現在では、食品企業でも、工場内に太陽光発電を設置するケースが増えてきました。愛知県にある大榮産業のグループ企業である精米製造の中日本農産株式会社は、津島・佐屋・奈良の3工場において、屋根および敷地（津島工場のみ）に太陽光パネルを設置しており、定格は合わせて1メガワットを超えます（**図表 5.2.1**）。設置を開始したのは 2012 年で、稲垣社長が将来の再生エネルギー活用を視野に入れて決断しました。同社は、3工場の LED 照明化や米のフードバンクへの寄付など SDGs を意識した活動を積極的に推進しています。

図表 5.2.1　中日本農産株式会社の太陽光発電事例

敷地内の太陽光パネル

屋上の太陽光パネル

　出典：中日本農産株式会社　津島工場

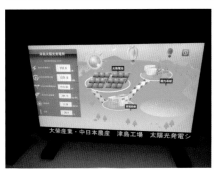

93

持続可能な
社会を目ざして | SUSTAINABLE
DEVELOPMENT

Let's SDGs 5.3 脱炭素物流 イノベーションの取組み

　地球温暖化対策計画で定められた温室効果ガス削減目標は、2030年には運輸部門において、2013年度比で28%削減達成の計画となっています。運輸部門のCO_2排出量の1/3以上を占める物流分野におけるCO_2削減は、極めて重要な項目となります（**図表5.3.1**）。

　物流分野の更なるCO_2削減のためには、以下の課題があります。

①環境負荷の大きいトラック輸送への依存が大きく、また積載率などの輸送効率性が低く、物流拠点における効率化も十分に進んでいない。

②物流には多種多様な事業者が携わっているが、事業者間での効率的な連携が十分に進んでいない。

　上記の課題に対して、AI、IoTなどの新技術を活用した物流の低炭素化、効率的かつ低炭素な輸送モードなどへの転換、物流拠点の環境負荷の低減が必要です。また、物流チェーン内に

94

図表5.3.1 部門別CO_2排出量の推移

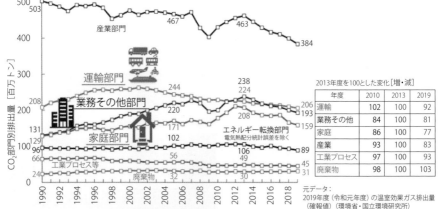

2013年度を100とした変化［増・減］			
年度	2010	2013	2019
運輸	102	100	92
業務その他	84	100	81
家庭	86	100	77
産業	93	100	83
工業プロセス	97	100	93
廃棄物	98	100	103

元データ：
2019年度（令和元年度）の温室効果ガス排出量（確報値）（環境省・国立環境研究所）

※その他（間接CO_2等、2019年度は3.1百万トン）のグラフは省いている。

出典：国土交通省　国土交通省における地域温暖化対策について

おける、AI、IoT の新技術の活用などや新たな輸送手段の参画により、これまでの枠組みでは実現しえなかった脱炭素化の取組みについての検討が進んでいます（**図表 5.3.2**）。

　また、宅配便の利用は年々増加していますが、それに伴いサービスも多様化してきています。例えば、不在時の宅配物の再配達はその一例です。再配達は消費者にとって便利なサービスですが、その一方で、再配達すると宅配トラックの走行距離が長くなり、CO_2 排出量の増加につながります。これに対して、宅配事業者では、自宅以外の場所（営業所や店頭、駅前のロッカーなど）で宅配物を受け取れるサービスを行っているところもあります。

図表 5.3.2　脱炭素物流イノベーションに向けた検討

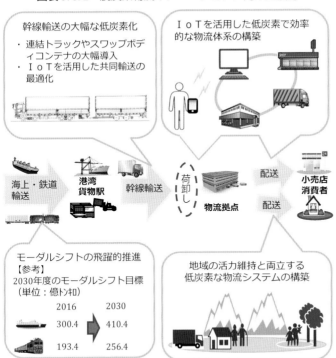

出典：国土交通省　流通分野における CO_2 削減対策促進事業

持続可能な社会を目ざして｜SUSTAINABLE DEVELOPMENT

Let's SDGs 　5.4 食品会社の電力需要管理とノンフロン化

　ここでは、食品企業における CO_2 削減やノンフロン化について、代表的な手段を述べてみます。

1.　工場や店舗内の照明の切り替えを行う

　工場や店舗内の照明器具を LED 照明に切り替えます。LED 照明は発熱量が低いにも関わらず明るく、寿命が長いのが特徴です。つまり、今までより大幅に電気使用量が削減できます。

2.　デマンドコントロールシステム

　デマンドコントロールシステムとは、食品工場の受電設備における最大デマンド（最大需要電力）の発生を監視するシステムです。食品企業がデマンドの目標値を設定し電気機器を管理することで、最大デマンドが大きくなることを抑制し、契約電力の減少を図ります。あらかじめ目標値を設定し、需要デマンドが目標値を超えると予測される際に、アラームや警報などで通知し、電気機器の制御を行います（**図表 5. 4. 1**）。

図表 5. 4. 1　デマンドコントロールシステム

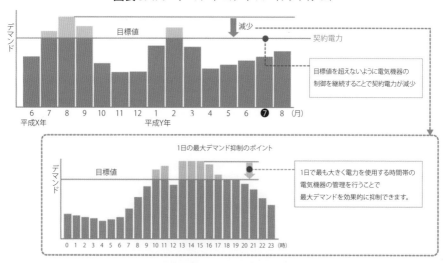

出典：東京電力エナジーパートナー株式会社

3. 食品業界のノンフロン機器の導入

　特定フロンや代替フロンはオゾン層破壊や地球温暖化に悪影響を及ぼします。フロン類は CO_2 の1万倍以上にもおよぶ温室効果があります。そのため、国際的に代替フロンからノンフロンへと、フロン類の生産・使用の削減が進められています（**図表5.4.2**）。

　食品小売店舗で使用されている冷媒機器には、店内の冷凍冷蔵ショーケース、エアコンなどが挙げられ、コンビニやスーパーなどでノンフロンを使用した冷凍冷蔵ショーケースなどが導入されています。これは、省エネ型ノンフロン機器であり、冷媒漏えいによる温室効果ガス排出量の大幅な削減だけではなく、消費電力量（CO_2 排出量）が削減されます（**図表5.4.3**）。

図表5.4.2 冷媒はノンフロンの時代へ

特定フロン（CFC・HCFC）
CFC-12
HCFC-22
オゾン層を破壊し、地球温暖化に影響を与える

代替フロン（HFC）
HFC-134a
R-410A
オゾン層は破壊しないが地球温暖化に影響を与える

ノンフロン
CO_2、炭化水素、アンモニア等の自然冷媒やHFOなど

出典：環境省　ノンフロンで省エネ＆エコに冷やす

図表5.4.3 コンビニのノンフロン化による CO_2 削減量

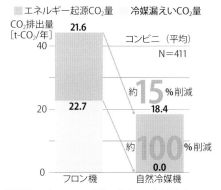

■エネルギー起源CO_2量　　冷媒漏えいCO_2量
CO_2排出量[t-CO_2/年]

コンビニ（平均）
N＝411

21.6
40
22.7
20
18.4
約15%削減
約100%削減
0.0
0
フロン機　　自然冷媒機

出典：環境省　ノンフロンで省エネ＆エコに冷やす

持続可能な社会を目ざして ｜ SUSTAINABLE DEVELOPMENT

Let's SDGs　5.5　ゼロカーボンを目指して

　ゼロカーボンとは、企業や家庭から出る二酸化炭素（CO_2）などの温暖化ガスを減らし、森林による吸収分などと相殺して実質的な排出量をゼロにすることです。これは「カーボンニュートラル」とも呼ばれています。政府は 2020 年 10 月、2050 年までにカーボンゼロを達成する目標を掲げました。海外では欧州が 2050 年、中国が 2060 年の「実質ゼロ」を打ち出しています。

　カーボンゼロの目標実現のため、政府は 2020 年末にグリーン成長戦略をまとめました。ここには、成長産業として 14 分野が挙げられています（**図表 5.5.1**）。2030 年代半ばまでに軽自動車も含む新車販売をすべて電動車にするなどして排出量を削減する計画です。これに経済界・産業界も大きく反応し、日本全体で脱炭素に向けた動きが加速しています。

　温暖化ガス排出に価格をつけることで、排出削減や低炭素技術への投資を促進する「カーボンプライシング」も検討が始ま

図表 5.5.1　グリーン成長戦略で成長産業として注目された 14 分野

出典：経済産業省

りました。カーボンプライシングは、「炭素の価格付け」と呼ばれます。二酸化炭素を排出した量に応じて、企業や家庭に金銭的なコストを負担してもらう仕組みで「炭素税」と呼ばれています。企業などに対し二酸化炭素の排出量に応じて課税します。二酸化炭素は実際には計測できないので、石炭・石油・天然ガスなどの消費量に応じて課税します。

　また、排出量の多い発電部門では、洋上風力などの再生可能エネルギーや水素・アンモニアの利用を拡大します。CO_2を地下に埋めたり再利用したりする「CCUS（CO_2の回収・利用・貯留）」と呼ばれる技術も期待されています。

　北海道苫小牧市では、日本初となるCCSの大規模実証試験（CO_2の分離・回収、圧入、貯留、モニタリング）が国家プロジェクトとして実施されています（**図表5.5.2**）。

図表5.5.2　苫小牧CCS実証試験設備全景

出典：日本CCS調査株式会社

2016 年度から地中への CO_2 圧入が開始され、2019 年には、目標である累計 30 万トンの CO_2 圧入が達成されました（**図表 5. 5. 3**）。

図表 5. 5. 3　苫小牧 CCS 実証試験設備概要図

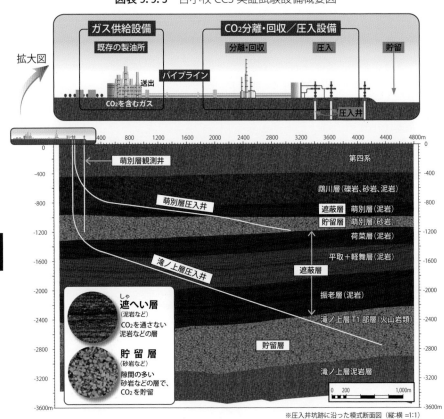

※圧入井坑跡に沿った模式断面図（縦:横 =1:1）

出典：日本 CCS 調査株式会社

6.

Let's SDGs

SDGsで食の
イノベーションを
始めよう

Let's SDGs　6.1 シュンペーターの提唱する5つのイノベーション

【目標9】「研究とイノベーション、情報通信技術へのアクセス拡大を通じて安定した産業化を図る」ことを目指しています。この章では、食品企業がイノベーションを起こすための方法について述べてみます。

　イノベーション（innovation）とは、物事の「新結合」「新機軸」「新しい切り口」「新しい捉え方」「新しい活用法」のことです。一般には新しい技術の発明を指すという意味に誤認されることがありますが、それだけではなく、新しいアイデアから新たな価値を創造し、大きな変化をもたらす自発的な人・組織・社会の幅広い変革を意味します。つまり、それまでのモノ・仕組みなどに対して、全く新しい技術や考え方を取入れることにより、新たな価値を生み出して社会的に大きな変化を起こすことを指します。

　イノベーションは、1911年にオーストリア出身の経済学者であるヨーゼフ・シュンペーター（**図表6.1.1**）によって初めて定義されました。その後、イノベーションはモノや仕組みの技術革新という限定認識に留まらず、ビジネスの新結合、新機軸、新定義、新思考、新活用、新視点、新理論などを創造する取組み、新しいアイデアから社会的意義のある新たな価値を創造し、社会的に大きな変化をもたらす幅広い革新を意味するよ

図表6.1.1　ヨーゼフ・シュンペーター

102

うになりました。

　シュンペーターは、イノベーションを経済活動の中で生産手段や資源、あるいは、労働力などをそれまでとは異なる方法で新結合することと定義しました。具体的には、イノベーションのタイプを

- プロダクション・イノベーション
- プロセス・イノベーション
- マーケット・イノベーション
- サプライチェーン・イノベーション
- オルガニゼーション・イノベーション

以上の5種類に分類しました。

　プロダクション・イノベーションとは、新たな顧客創造を実現する新商品、新技術、新市場の開発・生産をいい、最も身近なイノベーション戦略になります。

　プロセス・イノベーションとは、業務効率や生産性を高めるイノベーション戦略のことで、新技術（AI・IT・デジタル化）を導入して業務を効率化する、あるいは工場の無人化や高品質化を推進するなどの取組みになります。

103

　マーケット・イノベーションとは、マーケティング成果を更に上げるイノベーション戦略のことで、販路の最適化、販売環境の向上、潜在顧客発掘のための情報発信推進などの取組みになります。

　サプライチェーン・イノベーションとは、商品やサービスの供給連鎖（調達→生産→販売→消費）を最適化するイノベーション戦略のことで、サプライチェーンの全体コストを下げる、消費者情報をサプライチェーンの最適化に活用するなどの取組みになります。

　オルガニゼーション・イノベーションとは、前述した4つのイノベーション戦略を実現するための組織革新のことで、社内の情報共有や業務効率を高める組織革新、あるいは業務提携、フランチャイズ、ファブレス経営など、外部組織との連携革新も含まれます。

Let's SDGs　6.2 イノベーションを発生させるには何が必要か

　イノベーションが生まれない要因としては、事業創造を独創的に自由に発想をする人材がいないからではなく、事業創造にチャレンジする風土に乏しいといった組織的要因が主にあります。すなわち、組織内の牽制により、いいアイデアが出ているのにつぶされているか、新規事業が生まれているのに社内の協力が十分に得られないことからくる原因が多いのです。

　イノベーションを起こすという組織のビジョンを理解共感し、社員一人ひとりが当事者意識をもって、ビジョンの具現化のために行動することが大切です。それが自然とできる組織風土が必要であり、組織開発により変えていきます。

　組織開発は、従業員サーベイなどによってイノベーションが起きやすい組織かどうか、現状を調査するのが一般的です。職場の主要メンバーが集まり、サーベイによって抽出されたイノベーションの阻害要因を話し合うことで、なぜ新規事業が生まれないのかを考え、気付きを深めていきます。その後、イノベーションを起こすために組織をどのように変えていくのか、あるべき姿を自分たちで決め、実施することで、意識的に職場を変えていきます。

　イノベーションを生み出していくとき、現状からどんな改善ができるかを考えて、改善策を積み上げていくような考え方をフォアキャスティング（forecasting）といいます。それに対して未来のあるべき姿から逆算して、現在の施策を考える発想をバックキャスティング（backcasting）といいます（**図表 6. 2. 1**）。

　現在、組織で有しているリソースから考えて、達成可能と思われるチャレンジを設定するのはフォアキャスティングです。

　例えば、毎年の CO_2 排出量を 5％ずつ削減することを計画したとします。そうすると、当該部門はこの目標を改善で達成しようと考え、現実的な策を講じていくことになります。

　一方、どうしても必要な、しかし達成不可能と思える目標を設定し、達成方策は後からさまざまな手段で考える、というのがバックキャスティングにあたります。

　例えば、2030年までにCO_2排出量を半減させるという設定をした場合には、現在のやり方の改善では到底達成は不可能です。そうなると、従来の改善というオプションを捨てて、根本的に異なる発想をすることになります。太陽光発電などの再生可能エネルギーへの転換などが考え出されます。

　すなわち、SDGsで食のイノベーションを始めるには、組織開発の実施とバックキャスティングの思考方向を活用していくと効果があります。

図表 6.2.1　フォアキャスティングとバックキャスティング

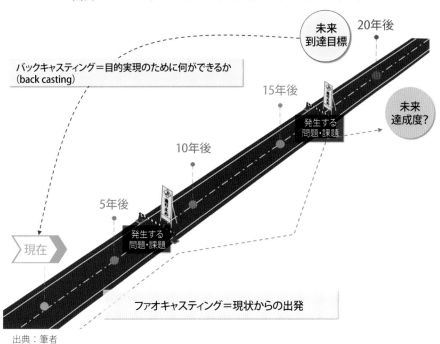

出典：筆者

持続可能な
社会を目ざして | SUSTAINABLE DEVELOPMENT

Let's SDGs　6.3 デザイン思考でイノベーションを起こそう

　新しい商品やサービスの創造を狙い、今注目されている手法に「デザイン・シンキング」があります。日本では一般的に「デザイン思考」と呼ばれ、優秀なデザイナーの思考法を参考にして、新しい発想を生み出そうとする手法です。デザイン思考は、優秀なデザイナーの思考法をベースにしているため、今までとは異なる新しい発想につながる可能性が高くなります。デザイナーが重視するのは、消費者がどのような行動を取るか、考え方をするか、感情を示すか、などを詳細に観察することであり、適宜インタビューすることで真の消費者ニーズを把握します。

　消費者は必ずしも自分のニーズを理解していない場合が多く、消費者の本音を的確に把握して発想する、すなわち人間を中心に発想することを実現すれば、ヒット商品を生み出すことができます。すなわちデザイン思考は、フィールド観察やインタビューを実施して、わかった事実を基に議論して多くの意見を出し、その後は意見を収束させて、真の課題を浮き彫りにしていく手法です。

図表 6.3.1　人間中心のデザイン思考

「観察」「共感」「問題発見」
「解決策の創造」を人間中心で
素早く行い、新たな発想を創造

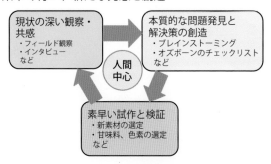

出典：筆者

　さらに課題解決に向けてブレインストーミングなどで、アイデアを出していきます。解決策をまとめていき、繰り返し試作を行い、イメージを確認し、場合によっては消費者に意見を聞いて確認します。このサイクルを素早く繰り返すことで、プロダクション・イノベーションを起こしていきます（**図表 6.3.1**）。

　デザイン思考において、消費者ニーズの把握方法に「共感」の要素を取入れる手段があります。共感を形式知にするために共感マップのフレームワークを活用します。共感マップは、SAY（発言）・DO（行動）・THINK（思考）・FEEL（感情）の4つのマスからなるマトリックスを描き、現場で確認してきたことなどを基にポストイットに書き込んで貼り付けていきます。

　4つの情報を列挙できたら、共感マップ全体を眺め、新鮮な点、意外に思う点、4つのエリアに矛盾がないか、予期せぬパターンはないか、などについて検討しながら隠れたニーズを探していきます。

　ここで、ある食品企業の事例を紹介します。お年寄りが4人集まって、お茶を飲みながら「甘納豆」を食しているというシーンで共感マップを描いていきました（**図表 6.3.2**）。この結果、砂糖不使用の低カロリー甘納豆のニーズがあることがわかり、商品化に成功しました。

107

図表 6.3.2　食品企業の共感マップ

例シーン：お年寄りが4人集まって、お茶を飲みながら「甘納豆」を食している

SAY（発言）	THINK（思考）
・これ美味しいけれど、たくさん食べるとね… ・砂糖が多すぎない？ ・あっという間に食べちゃったわ	・砂糖で太ると思っている ・カロリーはどのくらいか（糖尿病の人） ・手が汚れる
DO（行動）	**FEEL（感情）**
・つまんだ後にティッシュで手を拭いている ・食べたあとは、必ずお茶を飲む ・平均、5回ほど噛んで飲み込む	・食感が良く日本的な味 ・丁度良い硬さ ・ちょっと甘すぎる

出典：筆者

持続可能な
社会を目ざして | SUSTAINABLE DEVELOPMENT

Let's SDGs 6.4 技術・市場マトリックスでイノベーションを起こそう

　　イノベーションを起こすためのきっかけとして、企業の販売市場と技術動向を整理して新製品開発戦略を展開するためには、市場・技術・商品をマトリックスで整理し、ターゲットを絞り込む方法が有力です。以下に絞り込みの手順を示します。

　　まず、現状の製品群「現製品」をもとに、これらに用いている技術分野を洗い出し「現技術」とします。また、「現技術」と関連性の強い、また自社としてチャレンジすれば開発できると思われる、周辺技術を「拡技術」として洗い出します。市場については、同様に顧客（市場）を洗い出し「現市場」とします。また、「現市場」と関連性の強い、また自社としてアプローチできるであろう周辺市場を洗い出します。

　　新技術は、拡市場で確固たる競争力を得るためとか、新市場参入のために将来獲得すべき技術は何か、という観点で設定し

図表6.4.1　食品企業の技術市場マトリックス

○○食品 技術・市場マトリックス		農協	スーパー	通信販売(ネット)	道の駅	百円ショップ	健康食品	業務用(調味料用途)	百貨店等(贈答用)	医薬品・医薬部外品
新技術	②特殊加工技術		造粒製品	造粒製品				造粒製品		
	………	……	……	……			………		………	………
	①新製造技術	減塩製品	減塩製品	減塩製品	減塩製品	減塩製品	無塩製品	減塩製品	減塩製品	無塩製品
拡技術	………				……					………
	………	……	……						………	………
	③洋風味付技術	洋風の素	ピクルスの素	ピクルスの素	洋風の素		ピクルスの素	洋風の素	洋風の素	
現技術	………	……	……	……	……	……	……			……
	………	……	……		……				………	………
該当技術／該当市場		農協	スーパー	通信販売(ネット)	道の駅	百円ショップ	健康食品	業務用(調味料用途)	百貨店等(贈答用)	医薬品・医薬部外品
		現市場				拡市場		新市場		

凡例：既存品　開発中　開発（今後）　構想段階　┈┈：評価表作成項目

出典：筆者

ます。新市場は、拡技術をもとに参入できる市場は何かとか、新技術で期待できる市場は何か、という観点で設定します。ここまでに洗い出した技術・市場をもとに、技術・市場マトリックスを作成します。このマスに当てはまる商品を有識者で案出しを行います。最後に、マーケティング調査などにより、絞り込んだ商品の検証を実施します。

ここでは、ある食品企業の技術・市場マトリックスを紹介します（**図表6.4.1**）。「拡技術」として"③洋風味付技術"を、「新技術」として"①新製造技術"と"②特殊加工技術"が挙げられました。また、営業管理者で話し合い「拡市場」と「新市場」のリストアップをしました。その結果、"洋風の素"、"減塩製品"、"造粒製品"のアイデア出しがされました。

次に、リストアップされた製品の開発優先順位を決める必要があります。これを、開発主要品目評価表（**図表6.4.2**）で評価します。評価基準としては、成長性、収益性、波及性/発展性、独自性、開発難易度と設定します。これに開発する上での詳細な課題と設備上の課題を考慮して、開発の優先順位を決めます。また、マーケティング調査（市場規模、競合状況、顧客ニーズ、市場の成熟度など）、競合企業の動向調査、顧客へのアンケート調査などを活用して、開発の優先順位について検証していきます。

109

図表6.4.2 開発主要品目評価表

開発主要品目評価表

<評価>
5：たいへんある 4：ある 3：ややある 2：あまりない 1：ない
<難易度>
1：とても高い 2：チャレンジ 3：少し工夫すれば 4：ほぼ 5：できる

No	技術	製品(例)	概要	市場・規模	成長性	収益性	波及性発展性	独自性	開発難易度	評価	開発的課題	設備的課題(設備投資)	総合評価
1	新製造技術	減塩製品	塩分が気になる方、摂取に制限のある方も、安心して食べられる。	農協、直売所、スーパー、通販、100円ショップ、業務用、百貨店	5	3	5	5	1	3.8	減塩製品の開発は、原料の検索から、応用処方等を考慮する必要があり、技術的に可能である。	現状設備で対応可能	◎
2	特殊加工技術	既存製品の造粒加工	既存商品の原料で、より安定的に混合充填が可能である。	スーパー、通販業務用	5	1	5	1	1	2.6	現製品で他社に委託加工しており、内製化する。しかし、設備の価格が高価で、現工場内には設置が困難である。	機械：5000万円 工場増築の必要性	×
3	洋風味付技術	洋風の素スパイスミックス	日本人の味覚に合う、洋風の素・スパイスミックスを作る。	農協、道の駅、業務用、百貨店	2	3	4	3	3	3	現段階で、洋風味付に対する知識等が不足の為、情報収集や市場調査に注力したほうが良い。	現状設備で対応可能	△
4													

出典：筆者

持続可能な
社会を目ざして | SUSTAINABLE DEVELOPMENT

Let's SDGs 6.5 日本における食品産業の イノベーション

　ここでは、発明協会が出している「戦後日本のイノベーション一覧」の中から、食品産業に関係した事例を3つ紹介します。

【回転寿司】

　回転寿司のルーツは1958年に東大阪市にオープンした元禄産業株式会社の「廻る元禄寿司1号店」でした（**図表6.5.1**）。回転寿司の生みの親である故・白石義明がビール工場の製造に使われているベルトコンベアにヒントを得て開発した「旋回式食事台」が、高級の代名詞であった「寿司」を手軽な大衆食にし、今日の回転寿司の基礎を築き上げたのが始まりでした。そして1970年に開催された大阪万博によって普及しました。

　現在、回転寿司は5千億円産業市場に成長しています。回転寿司のビジネスモデルは、日本国内に留まらず、今や世界中に普及しています。

【レトルト食品】

　レトルト食品とは、内容物を詰めてヒートシールで完全に密封し、加圧加熱殺菌（レトルト殺菌）を行った袋詰食品のこと

図表6.5.1　回転寿司1号店

昭和33年4月　東大阪市に直営第1号店をオープン

出典：元禄産業株式会社

です。大塚食品株式会社は創業当時、米国のパッケージ専門誌に掲載された「缶詰に代わる軍用の携帯食としてソーセージ真空パック品」が紹介されていて、「このパッケージを参考にカレーに応用すると、お湯で温めるだけで食べられる」と考えました。

　パウチの耐熱性、強度、殺菌条件などのテストを繰り返し行い、1968年に世界初の市販用レトルト食品として、「ボンカレー」を販売しました（**図表6.5.2**）。軽量でその取り扱いや開封が容易な点、短時間で温め可能な点などのメリットが多くの消費者からの支持を得て、大ヒットしました。現在では、大塚食品をはじめ多くのメーカーからレトルト食品が販売されており、カレーの他に米飯類、ハンバーグ、ミートソースなどが開発されています。

【コンビニエンスストア】

　コンビニエンスストアは、フランチャイズ方式の加盟店である小規模な店舗において年中無休、かつ長時間の営業を行い、主に食品、衛生用品、日用雑貨などの多数の品種を扱う小売店です。今や売上高は10兆円を超えるまでに成長しています。第1号店は、1974年に東京都江東区にオープンしたセブン-イレブン豊洲店です。その後、相次いでローソン、ファミリーマートなどがこの分野に参入し、現在では一大産業へと発展しています。2021年度時点で国内店舗数は約5万6千店を超えています。

111

図表6.5.2　世界初の市販用レトルト食品

出典：大塚食品株式会社

持続可能な社会を目ざして | SUSTAINABLE DEVELOPMENT

Let's SDGs　6.6 AIが食品業界にもたらす進化とは

　近年、AIがめざましい進展をみせていますが、その背景には機械学習によって自らが能力を獲得できるようになりつつあるからです。特に、画像や音声といった人間の感覚器に相当するセンサーで検出した情報を正確に解析、認識できる技術の精度が向上しています。その中でもディープラーニングは、従来の機械学習にある問題を解決技術として2010年代になって一般に知られるようになりました。

　ディープラーニングによって、自動運転車や人間のような動きや会話ができるロボットが開発され、医療分野においても人間が見落とす病変を画像から見つける診断装置が開発されています。また、人間に代わって作曲、描画、作文を機械が行うことが可能になりつつあります。

　食品業界でAIを活用できる分野として、ロボットの導入、品質管理（目視選別など）、生産管理や在庫管理などが考えられます。

　　　図表6.6.1　弁当の盛付作業を行う人型協働ロボット
　　　　　　　　　　　　　　　　　　　　（2021年現在のモデル）

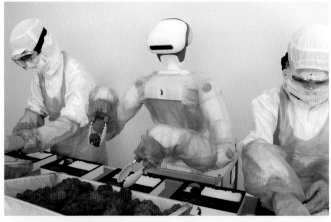

出典：株式会社アールティ

　株式会社アールティは、AIを活用して、自動化が難しいとされる弁当のおかずの盛付作業を人と隣り合わせでも安全に行うことができる「人型協働ロボット（Foodly）のプロトタイプを2018年に開発しました（**図表6.6.1**）。ディープラーニングにより食材を見分ける目を装備し、食品コンテナに山積みとなった食材が小さな個体の集合体であることを認識し、食材の山からそのひとつを盛り付けます。また力を制御した柔らかい動きができる機能を持ち合わせ、作業中に人の腕などがボディに触れても安全に動作を続けます。さらに、キャスター付でロボットを簡単に移動させることができるため、担当する盛り付けラインの変更を容易に行うことが可能です。2021年現在、複数の食品工場で、標準構成モデルによる実証実験を実施しており、市場導入は間近です。

　中川社長は、2005年に「ロボットのいるくらし」の実現を目的にアールティを設立し、ロボットに関する企業向け研修やエンジニア育成を手掛けています。また同社は、カット野菜やフードスライス工程のある食品工場向けに、野菜投入ロボット（**図表6.6.2**）を提案するなど、食品工場DX（デジタルトランスフォーメーション）事業を推進しています。

図表6.6.2　野菜投入ロボット

出典：株式会社アールティ

Let's SDGs　6.7 フードテックによる新技術・新システム

　フードテックとは、「フード」と「テクノロジー」を融合させ、これまでにない新しい技術やシステムの開発によって、食を取り巻く次世代型の商品やサービスを生み出すことです。新しいテクノロジーとは、コンピュータ×インターネット× AI 技術× IoT などであり、食料生産・製造・流通・保存・調理などの幅広い分野で取組みが始まっています。例えば、単品で必要な栄養素を摂取できるパスタを開発したりすることが可能です。そのため、フードテックは世界的に深刻化する食料問題を解決する方法としても、非常に注目されています。

　フードテック市場は世界的な規模で注目を集め、その市場規模は 700 兆円にも達する見込みといわれています。食品産業の SDGs の重要項目である、食品ロス削減、フードバンク活動、サプライチェーンの商習慣見直しなどの推進に不可欠な技術です。以下に、項目ごとに解説します。

【食料不足】

　世界の人口は増え続けており、世界の 9 人のうち 1 人が飢餓に直面しているといわれています。効率的で安定した生産を行い、情報を正確に取りまとめて食料を必要としている場所へ新鮮なうちに届ける必要があります。今後、長期保存技術の進歩が実現していけば、食料不足を解決していくことができます。

　2050 年には地球 100 億人時代が到来し、肉の消費が増えて、現在の家畜の生産量が追い付かずに、タンパク源が不足することが予想されています。また、家畜飼料を含む世界の食料需要の拡大が森林の過剰伐採、温室効果ガスの大量排出、水不足の深刻化など地球環境を一段と悪化させることは明らかです。

【食品ロス】

　先進国の食品ロスは解決しなければならない問題であり、日本においても年間 600 万トンもの、まだ食べられる食品が廃

棄されています。例えば、小売や流通、飲食などの事業者は仕入れ過ぎない、消費者は買い過ぎないことも大事なポイントです。

　購買のビックデータを AI によって分析することで生産数や発注量、在庫数などを最適化するシステムや、家庭の冷蔵庫内を画像解析して的確な量とタイミングで買い物リストを作成するサービスなども、食品ロス削減に繋がります。

【食の安全】

　食品の傷み度合いを AI によって診断するツールや、長期保存を可能にする調理技術や、パッケージ素材の開発が進んでいます。こうした取組みにより、より鮮度を保つことができれば、食品廃棄を減らせるだけでなく、食中毒を未然に防止することができます。

【人手不足】

　フードテックの革新的な技術開発による省人化や無人化の実現には、人手不足の解決策としての期待が寄せられます。食品製造工場における自動検査装置が代表例です。外食産業においてタブレット端末でメニューをオーダーする店舗も増えてきましたが、これも身近にあるフードテックの一例です。

115

【植物由来食品】

　植物由来食品（代替食品市場）が大きな注目を集めています。植物由来食品とは、オート麦、米、アーモンド、大豆などを使ったチーズ、ヨーグルト、アイスクリームなどの代替乳製品や、大豆、えんどう豆、そら豆などを使った代替肉製品のことです。

　菜食主義者の代用食品として注目を集める最新テクノロジーのひとつが、限りなく本物の食用肉に近付けた人工肉です。大豆やエンドウ豆などの植物タンパク質を、限りなく食肉そっくりの味や香り、食感に近づけたものが販売されています。

持続可能な社会を目ざして | SUSTAINABLE DEVELOPMENT

Let's SDGs　6.8　日本を変える
フードテック企業

　　フードテック市場は世界的な規模で注目を集めていますが、日本でも 2020 年 4 月、農林水産省が中心に立ち上げたフードテック研究会には 100 以上の国内企業が参加し、ルール形成や意見交換などが行われました。「フードテック」に関する動きが日本においても徐々に活発化しています。

　　デリバリーサービスが浸透していることから「クラウドキッチン」というサービスが、フードテックのひとつとして注目されています。クラウドキッチンとは主にデリバリー用の料理を作るために設計された施設であり、店内に食事をする場所がなく、キッチンのみのスペースでできています。新型コロナウイルスの影響を受けている飲食業関連で、クラウドキッチンの活用が伸びています。

　　「KitchenBASE」を利用すると月額制の料金で、初期段階では必要な開業コストを約 90% も抑えることができます。株式

図表 6.8.1　東京の KitchenBASE

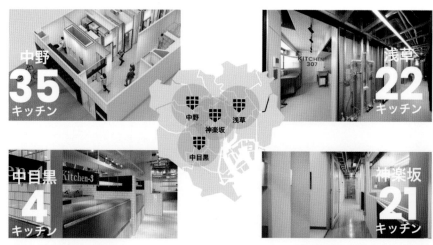

出典：株式会社 SENTOEN

会社 SENTOEN は、2019 年に 4 つのキッチンを有した中目黒店を開業しました。2 年後の現在は、神楽坂・浅草・中野を合わせて合計 82 のキッチンができ、続々と入居が決まっています（**図表 6.8.1**）。

　また、「KitchenBASE」の仕組みとしては、注文から受注・調理、受け渡し・配達の流れの中で、それぞれの施設に配置されたメンバーが売上データを共有することで、システムオーダーの出し方や最適なオペレーションなどのアドバイスを提供しています（**図表 6.8.2**）。

　デイブレイク株式会社は冷凍ノウハウを活用し、生産者が愛情を込めて育てたにも関わらず、歪な形やキズなどの理由で廃棄されてしまう野菜やフルーツを全国の生産者から集め、同社

図表 6.8.2　デリバリーレストランの流れ

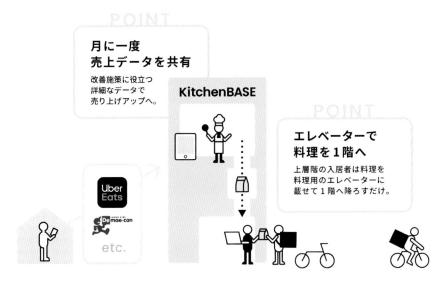

出典：株式会社 SENTOEN

がノウハウを有している特殊冷凍™によって、おいしく価値のあるものに作り変えるビジネスを展開しています（**図表 6.8.3**）。生産者が外観不良などにより破棄してしまう食材ロスを冷凍技術で解決することは、大きな意義があります。

　フローズンフルーツ「Heno Heno」は、「冷凍フルーツを美味しく食べて食品ロスをなくそう」というスローガンで、消費者にとっては付加価値を感じられる魅力的な商品です。冷凍フルーツは、みかん・イチゴ・バナナなどの多くの商品があります（**図表 6.8.4**）。また同社は、食品事業者向けに特殊冷凍食材の販売事業「アートロックフード」の提供をしています。

図表 6.8.3　フローズンフルーツのビジネスモデル

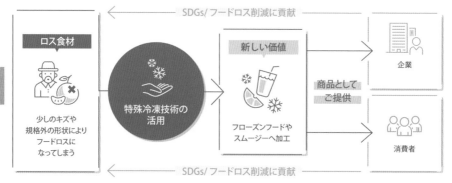

出典：デイブレイク株式会社

図表 6.8.4　フローズンフルーツ「Heno Heno」

出典：デイブレイク株式会社

7.

Let's SDGs

私たち、
SDGs を
始めてます

Let's SDGs 7.1 SDGs 視点の新たな農業コンセプト

　ここでは、SDGs 視点での食料生産者の新たな活動ポイントを紹介します。農業は、食料を供給するという重要な役割を担っており、「目標 2. 飢餓をゼロに」「目標 3. すべての人に健康と福祉を」に欠かせない産業です。

　これらの目標を実現するために、持続可能な食料生産システムの確立や、そこに関わる生産技術の研究、多様性保持、また価格安定性などが必要です。農業は、自然環境を保持するという役割と義務があります。これは「目標 12. つくる責任つかう責任」「目標 13. 気候変動に具体的な対策を」「目標 15. 陸の豊かさを守ろう」に関わってきます。

　また、農業には雇用を支える役割もあるため「目標 8. 働きがいも 経済成長も」「目標 9. 産業と技術革新の基盤をつくろう」と関わっていきます。世界には農業を主な生業としている国がまだ多く存在し、特に地方や途上国の雇用を支えています。

　しかし、日本では農業従事者の高齢化が著しく、3K といわ

図表 7.1.1　AI（人工知能）が収穫判断を行うロボット

出典：inaho 株式会社

れ若者が農業を選びにくい状況になっています。農業に関心を持つ若い世代を増やし、技術や経験値を伝えていくこと、経済的な安定と働きがいを与えるような産業として育てていくことが必要です。

ここからは、農業に関する「SDGs への取組み」を紹介します。

【AI 技術を用いた自動野菜収穫ロボット】

inaho 株式会社は、AI 技術を用いた自動野菜収穫ロボットを開発し、農家に貸し出すサービスを提供しています（**図表7. 1. 1**）。農業は重労働でありながら休みが少ない産業といわれていますが、実際に特定の野菜の生産活動では半年以上、毎日の収穫が求められる作物も存在します。高齢化や人手不足、生産性向上に課題を抱える現場に、収穫作業を行うロボットを届けることで、農業をサステナブルな産業にするという想いで開発されました。

同社では農作物を 2 種類に分けて考えています。収穫期が揃うため、まとめて収穫できる「一括収穫」と、個体ごとに成長のばらつきがあり、収穫時期を個別に判断しながら収穫する「選択収穫」です（**図表 7. 1. 2**）。「選択収穫」が必要な、アスパラガス、トマト、ナス、キュウリなどは、これまで機械による収穫判断が難しかったため収穫の自動化が進んできませんでした。

121

図表 7. 1. 2　一括収穫と選択収穫

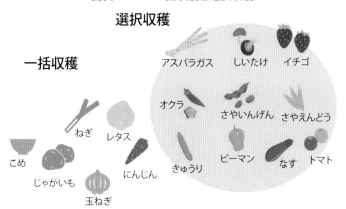

出典：inaho 株式会社

持続可能な　｜ SUSTAINABLE
社会を目ざして ｜ DEVELOPMENT

同社は、AI（人工知能）が収穫判断を行うロボットを開発することで、選択収穫の自動化を可能にしました。ロボットは、設定されたルートを自動走行し、カメラやセンサーで作物のサイズや特徴を判別し、収穫を行います。また、収穫ロボットを販売ではなくレンタル形式で提供することにより、農家の身体的負担の軽減や、地方の労働者不足の解消だけでなく、高額な農機具購入の負担軽減にも応えています。

こうした取組みが認められ、同社は 2021 年『第 9 回ロボット大賞 農林水産大臣賞』を受賞しました。今後は、収穫ロボットの改良を進めるとともに、ロボットが動きやすい環境整備の研究も実施していく予定です。

【農山漁村×再生可能エネルギー】

再生可能エネルギーは、地球環境に対して負荷の少ない自然界のエネルギーであり、2050 年における温室効果ガス排出80％削減を目標とする「パリ協定」の実現に向けて、重要な役割を担っています。再生可能エネルギーについては、地域の中で環境も経済も回る仕組みを目指すため、地域一体となった取組みを広げていくことが望まれます。その際は、地域の資

図表 7.1.3　農山漁村×再生可能エネルギーの可能性

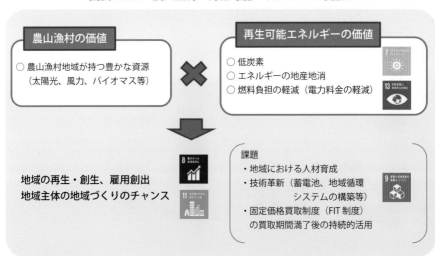

出典：農林水産省

源の供給元となる農林漁業関係者の更なる関わりが求められています。また、地域再生や雇用創出の可能性があります（**図表7.1.3**）。

　営農型太陽光発電は、農地に支柱を立てて上部空間に太陽光発電設備を設置して日射量を調整し、太陽光を農業生産と発電とで共有する取組みです。作物の生育に適した日射量は、作物の種類によって異なります。

　作物の販売収入に加え売電による継続的な収入や、発電電力の自家利用などによる農業経営の更なる改善が期待できる取組み手法です。また具体的な事例として、発電した電気をハウス内の暖房や、夏場は出荷作業棟の冷房に使用されたり、台風災害時の非常用電源として、多くの地域の方へ無料提供されたなど農林水産省 HP「営農型太陽光発電取組支援ガイドブック」で紹介されています。地域の中で環境も経済も回る仕組みを構築していくことが可能になります（**図表7.1.4**）。

図表 7.1.4　営農型太陽光発電

出典：農林水産省

Let's SDGs 7.2 SDGs 視点の新たな食品工場コンセプト

　ここでは、食品製造業者が SDGs の視点で見た新たな食品工場コンセプトを説明します。考慮すべきコンセプトは、食の安全安心、生産性向上、環境配慮、BCP 対策の4つです。

【食の安全安心】

　まず「食の安全安心」とは、SDGs の目標3「すべての人に健康と福祉を」があり、食品工場にとって最重要なポイントです。食品工場の衛生管理対策をハードとソフト両面からアプローチを進めていきます。具体的な実施事項としては以下の項目となります。

　①原料入庫から製造・加工工程・包装工程・保管・出荷・配送までの HACCP システムの導入
　②ゾーニング（**図表 7. 2. 1**）による交差汚染対策、空気コントロール

図表 7. 2. 1　ゾーニング図

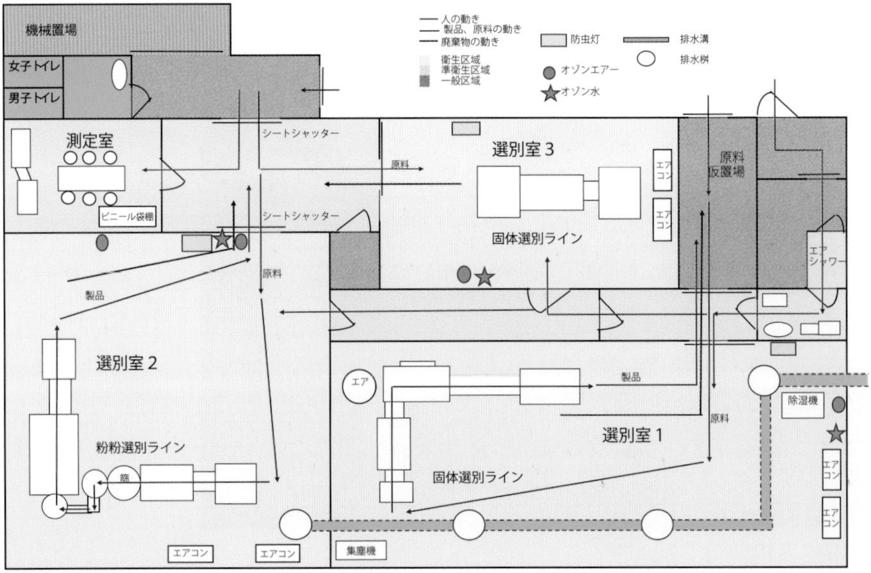

出典：筆者

③清掃やメンテナンスがしやすい構造、埃がたまりにくい内
　装

④フードディフェンス、防虫・防鼠・異物混入対策

　フードディフェンスは、物理的、化学的、生物的ハザードに
よる意図的な食品汚染を、予防、回避、対応する手段です。組
織内または組織外の人による意図的な食品汚染のリスクを洗い
出し、そのリスクの大きさを評価することを食品防御の脆弱性
評価と言い、その対応策を食品防御計画と言います。施設・シ
ステムの脆弱性評価を、フードディフェンスチェックリスト
（**図表 7.2.2**）を用いて進めていきます。

【生産性向上】

　次に「生産性向上」とは、SDGs の目標 8「みんなの生活を
良くする安定した経済成長を進め、だれもが人間らしく生産的
な仕事ができる社会を作ろう」とあり、食品工場にとって競争
力をつけることは大切です。現場の生産性を向上させるため、

図表 7.2.2　フードディフェンスチェックリスト

125

1．従業員と訪問者プログラム	評価	コメント
① 施設の屋内および屋外の立ち入り制限のある場所には、立ち入りを管理をしている。（施錠、電子アクセス、セキュリティカメラ、制限エリアの侵入確認など）		
② 従業員の教育訓練には、不正な行為の可能性や証拠を特定することを含む、フードセキュリティを盛り込んでいる。（プログラムには、施設内のルール、不正な行為の兆候や証拠などを盛り込む）		
③ 指定以外の場所で私物を保管していない。		
④ 制服や作業着の正式なプログラムを確立している。		
⑤ 訪問者、委託業者、招待客などは、特定の入口で氏素性を記載している。		
⑥ 施設内のすべての訪問者に同行するプログラムが確立され、食品が危害を受けやすい場所への立ち入りを確認をしている。		

2．施設内の作業	評価	コメント
① 施設内の危害を与えられ易い場所の評価を実施している。例えば、原材料保管場所、水源など。		
② 水の処理やフィルターシステムを定期的にモニターしている。		
③ 重要な製造場所や保管場所には、適切な立ち入り制限、監視カメラ等を導入している。		
④ 亜硝酸塩、洗剤や殺菌剤、メンテナンス用化学薬剤や有害生物駆除剤などの危険な物質を取り扱う場所への立ち入りを制限するか鍵付き管理をしている。		
⑤ すべての原材料,食品接触面用包装資材および再加工品のトレーサビリティを確保している。		
⑥ 食品安全のための重要な製造設備やその管理に対する取扱い制限を設けている。（レトルト管理、殺菌管理、加熱管理など）		
⑦ 不正行為の防止／開封が明確にわかる包装や封印を最終製品に施している。		

出典：筆者

作業工程や機器のレイアウトを考えます。

①働きやすく生産効率を考えた作業動線、製造機器の適正配置

②洗浄時間の短縮に向けた段取り工程改善の実施（**図表7.2.3**）

　ある食品工場で充填機を洗浄するために分解と部品洗浄をしている改善事例です。まずビデオ撮影を実施し、洗浄工程を5つのパートに分解して、それぞれの時間を計測しました。そしてビデオを見ながら関係者で改善案を話し合いました。その結果、改善前には60分かかっていたものが、改善後には43分となり、1人当たりの作業時間が17分の短縮となりました。

【環境配慮】

　3つ目に「環境配慮」とは、SDGsの目標7と13「省エネ推進とクリーンエネルギーの活用でCO_2排出量を削減しよう」とあり、重要な項目です。食品工場として、下記のさまざまな環境配慮に取組んでいきます。

①食品工場におけるデマンドシステムなどのエネルギーマネジメント

②冷蔵庫・冷凍庫などの省エネ推進

③周辺環境への騒音、臭気対策

図表7.2.3　段取工程分析表

	改善個所	改善前	改善後	短縮時間	改善内容
1	部品の取り外し	15分	12分	3分	部品の取り外し順を明確化した
2	流水による残渣流し	10分	7分	3分	流し方の手順・時間・程度を明確化した
3	洗剤を使用したこすり洗い	15分	8分	7分	こすり洗い方法を抜本的に見直し、手順を明確化した
4	温水によるすすぎ	10分	8分	2分	すすぎの手順を明確化した
5	次亜塩素酸ナトリウムによる殺菌	10分	8分	2分	殺菌方法を明確化した
	合　計	60分	43分	17分	

出典：筆者

④廃棄物、排水処理などの対策

⑤食品廃棄ロスの削減

【BCP 対策】

4つ目に「BCP 対策」とは、SDGs の目標11「災害に強い街づくりとともに、食品工場の BCP を準備する」とあり、災害発生後でもスムーズな事業継続が可能な食品工場とすることを目指しています。

大地震などの自然災害、感染症のまん延、食品テロなどの事件発生、大事故、原材料の供給網の途絶、突発的な経営環境の変化など不測の事態が発生しても、重要な事業を中断させない、または中断しても可能な限り短い期間で復旧させるための方針、体制、手順などを示した計画のことを事業継続計画（Business Continuity Plan、BCP）と呼びます。

危機的事象の発生により、優先すべき重要事業・業務を絞り込み、どの業務をいつまでにどのレベルまで回復させるか、経営判断として決めることが求められます（**図表 7.2.4**）。すなわち、食品工場においては、耐震構造の改造や冷凍庫・冷蔵庫を稼働させる非常用発電システムの設置が考えられます。また、早期復旧に向けて、原料や包材の代替メーカーの検討も必要となります。

127

図表 7.2.4 事業継続計画の概念

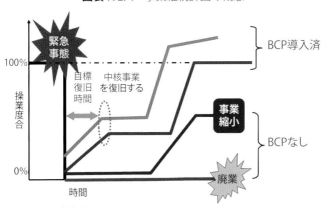

出典：中小企業庁

Let's SDGs 　7.3 6次産業化で
地域観光拠点に

　長崎空港から車で15分、大村湾を一望する丘に広がる「お
おむら夢ファーム シュシュ」には、県外からも多くの観光客
が訪れます。農産物直売所、旬の食材を使用したランチバイキ
ングのレストラン、いちご農園などを敷地内に配置し、近隣の
観光農園と相まって、地域の観光拠点として発展してきました
（**図表7.3.1**）。

　シュシュは、2020年度の6次産業化アワードにおいて、農
林水産大臣賞を受賞しました。同社の基本理念は、1次産業（農
業生産）を基本とし、2次産業（加工）、3次産業（販売、サー
ビス）の一貫性を確立した6次産業を目指すことです。山口
社長は、農産物が本当に美味しいのは熟したときなのに、その
時は市場には出せないのが現状と語ります。熟した農産物を生
かすのが「自社で加工しているジュース加工品（**図表7.3.2**）」

図表7.3.1　おおむら夢ファーム シュシュ

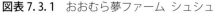

出典：有限会社シュシュ

であり、今まで廃棄していた農産物を有効に利用でき、食品ロス削減につながりました。食の安心、安全、新鮮をモットーに旬の味を生かし、消費者の方々に感動を与え、地域の活性化と共に、農業後継者の育成を図ることを目的としています。山口社長は、「食と農」を主体としたアグリビジネスへの挑戦を続け、都市と農村の交流拠点施設の役割を果たすことを目的に、全国直売所研究会で活躍しています。

　「シュシュ」は、フランス語で「お気に入り」という意味です。「シュシュ」は、農家の厳しい環境を克服するための、ひとつのモデルケースであり、農業を担う世代に希望を与えるような存在になりたいと考えて活動してきました。そのためには、農業を儲かる産業に変える必要があります。単に農産物を生産するだけではなく、6 次産業化で付加価値を高める努力と知恵が必要です。

　収穫体験も手作り体験教室も、まさにそうした意図で始めたものです。農家が果物（いちご・なし・ぶどう・ブルーベリーなど）を収穫するのは労働ですが、お客様が果物を収穫すれば、娯楽に変わります（**図表 7.3.3**）。

　また、農産物をジェラートや洋菓子などに加工するのも、付加価値を高めるためです。お土産に 1 ケースのももを頂くよ

129

図表 7.3.2　自社加工のジュース類

出典：有限会社シュシュ

持続可能な
社会を目ざして | SUSTAINABLE
DEVELOPMENT

りは、美味しいももの加工品の方が喜ばれることが多くあります。しかも、「シュシュ」でしか買えないオリジナル商品なら満足度が高くなります（**図表 7. 3. 4**）。

図表 7. 3. 3　ブルーベリー収穫体験教室

出典：有限会社シュシュ

図表 7. 3. 4　オリジナル商品の加工現場

出典：有限会社シュシュ

　「おおむら夢ファーム シュシュ」の6次産業化ビジネスモデルは、地域生産者200名から農産物を仕入れ、農産物加工センターでジュースなどを生産し、それをシュシュの土産販売所や外部の店舗に販売しています。また地域の観光農園や民宿とも観光連携をしています（**図表7.3.5**）。

　6次産業化の成果としては、以下の点が挙げられます。

①地域農家の主な出荷先をシュシュ直売所での販売により納得価格での販売が可能となり収益が安定しました。

②地域農家の規格外農産物については、当社で加工を受託しているため、食品ロスを削減しています。

③大村市の地域雇用にも貢献しており、地域農家と連携して農業体験に多くの新規就農希望者を受け入れ、地域の新規就農・後継者育成に貢献しています。

図表7.3.5　シュシュの6次産業化ビジネスモデル

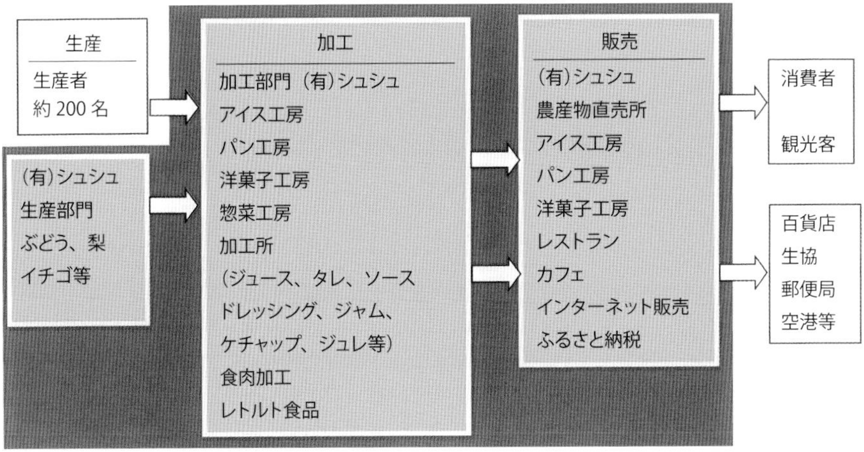

出典：有限会社シュシュ

131

持続可能な社会を目ざして | SUSTAINABLE DEVELOPMENT

Let's SDGs　7.4 節水率９割を実現した製品で世界進出

　世界での水需要は 50 年前に比べ、約 3 倍になり水不足が世界的に問題になってきています。それを見据えて開発されたのが超節水洗浄ノズル「Bubble90」です（**図表 7.4.1**）。株式会社 DG TAKANO は、「世界を節水する」を目標に、2010 年に高野 CEO が東大阪市で創業したベンチャー企業です。DG とは「Designers Guild」の略で、自分の人生をデザインする人たちの集合体です。特に節水事業では、国内でレストランなどの食品関連企業の SDGs 活動に寄与するとともに、水道料金やガス料金低減に貢献しています。

　Bubble90 は、平均的な節水率が 80％〜 90％、最大 95％の節水を実現するノズルです。高野 CEO は、創業当初に世界一の節水器具を開発すれば、世界の水不足の課題を解決できると考え、独自に「脈動流」を発生させる製品を発明しました。水道の蛇口に設置して、器具・容器に断続的に玉状の水を打ち付けることで、油汚れでも効果的に節水しながらの洗浄が可能になります（**図表 7.4.2**）。製品は、東大阪の工場で精密加工と組立を行い、同社関連の販社で、販売と設置をしています。

図表 7.4.1　Bubble90

出典：株式会社 DG TAKANO

図表 7.4.2　脈動流

出典：株式会社 DG TAKANO

　節水による環境保護対策を行う必要性のあった食品業界の
ニーズに応えることとなり、食品工場やスーパーマーケットの
バックヤードなど、様々な施設で利用されています。特に、大
手レストランチェーン店では、ほとんどの店舗で採用されてお
り、その数は約 3 万店舗にも及びます。2019 年に日本国内で
Bubble90 が節水した総量は、大阪全市民分の一カ月の水道使
用量に相当するところまで普及しています。

　ベルリンの展示会で Bubble90 を初披露したときに、環境意
識の高い欧州全域の企業や、水で困っている中東・アフリカ
から引き合いが殺到しました。今では世界中に輸出しており、
世界で有名なベンチャー企業として認識されています。また、
DG TAKANO は、自分らしく生きることや人生の目標の延長線
上に仕事があることを方針として掲げています。これを「Our
way」と呼んでおり、世の中にないものを生み出すための組織
開発を実践しています（**図表 7.4.3**）。さらに同社は世界中に
知名度があることから、海外の大学からインターンシップを受
け入れたり、欧米やインドなどからモチベーションも能力も高
い人材を集め雇用しています。これは、SDGs で掲げられてい
る目標 8 にあたる「すべての人々のための包摂的かつ持続可能
な経済成長、雇用およびディーセント・ワークを推進する」と
いう視点の取組みに合致しています。

図表 7.4.3　DG TAKANO のオフィス風景

山典：株式会社 DG TAKANO

持続可能な
社会を目ざして｜SUSTAINABLE
DEVELOPMENT

Let's SDGs　7.5 食品油脂メーカーの SDGs への貢献

　株式会社 J-オイルミルズは、ホーネンコーポレーション・味の素製油・吉原製油の 3 社が統合して設立された、食用油脂メーカーです。大豆などの原料を輸入し、国内で搾油、油脂・油糧製品を販売する事業を主力としています。

　人手不足や原材料の高騰を背景に、同社の顧客である中食・外食産業、食品メーカーは仕入れコストや人件費の見直し、食品ロスの抑制などでコスト構造を改善したいというニーズがありました。同社は、これらのニーズに応えるべく、高付加価値商品の開発を積極的に進めています。

　J-オイルミルズは、2021 年に業務用商品である「長徳®」シリーズをリニューアルするとともに、新商品「すごい長徳」を発売しました（**図表 7.5.1**）。揚げ物に使用される油は、使用するうちに色や風味が悪くなるとともに、酸価が上昇するため、数日おきに交換する必要があります。同社は油の劣化の作用を研究し、加熱によるフライ油の劣化を抑え、油の交換回数を減らすことが出来る技術（精製時に油の劣化を防止する成分を残しておく技術）を開発しました。この技術は SUSTEC 製法（特許取得）と呼ばれ、これを活用した「長徳®」シリーズは、長く使用できることで今までの使用量が 10 缶から 6 ～ 7 缶に削減できるなど、顧客にその価値を認められ、同社の主力商品となっています。

　長持ち効果により、原料（穀物）の使用量の低減や自然資源の保全、また原料調達から輸送、保管、生産工程、商品出荷までのバリューチェーン全体での CO_2 削減効果は「長徳 キャノーラ油 16.5kg 缶※」で 20％にも及びます。

図表 7.5.1　長徳とすごい長徳

出典：株式会社 J-オイルミルズ

　業務用の揚げ油の交換作業は時間もかかるほか、重労働となっています。油の長持ち効果により、外食や調理場での油交換の回数が減ることによって、労働環境の改善にもつながるなどの効果が期待されます（**図表 7.5.2**）。

　また同社では、持続可能な調達のため、原料のトレーサビリティ確立に取組んでおり、パーム油について 2030 年までの原料調達時の農園までのトレーサビリティ100%実現を、目標としています。

　さらに、将来的にひっ迫すると想定されている動物性の原材料を使用した、バターやチーズなどの乳製品を植物性の原材料で代替した製品「プラントベースチーズ」をオランダの企業と販売契約を結ぶことで、順次発売する計画です。

※国際規格準拠の CFP（カーボンフットプリント）認証を取得

図表 7.5.2　すごい長徳のサステナブル効果

出典：株式会社 J-オイルミルズ

135

持続可能な　| SUSTAINABLE
社会を目ざして | DEVELOPMENT

Let's SDGs　7.6 コオロギで世界の食料難を解消

　2050 年には世界人口が 97 億人になるといわれ、世界的な食料不足も心配されています。動物性タンパク質の需要に対する供給が追いつかなくなる状況が迫っています。従来の畜産は環境負荷が大きく、効率的にタンパク質が摂れて、環境にも優しい食材を見つけることは現代社会が抱える課題になっています。

　コオロギなどの昆虫は、牛、豚、鶏などの動物と同様にタンパク質が豊富です。また、飼育に必要なエサや排出する温室効果ガスが少ないとされており、地球にやさしい食材として注目されています（**図表 7.6.1**）。なかでも、コオロギは育てやすく、味も良いことから人気が高まっています。ここでは 2 社の事例を紹介します。

図表 7.6.1　コオロギと牛の環境面の比較

可食部 1kg の生産に必要な「えさ」と「水」の量[1,2,3]
体重 1kg の増加に対する「温室効果ガス」の排出量[4]

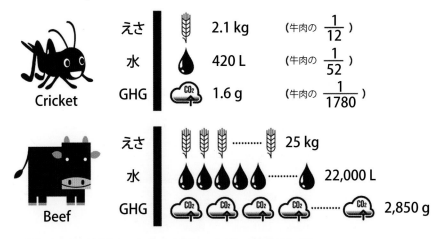

	Cricket			Beef	
えさ	2.1 kg	（牛肉の $\frac{1}{12}$ ）	えさ	25 kg	
水	420 L	（牛肉の $\frac{1}{52}$ ）	水	22,000 L	
GHG	1.6 g	（牛肉の $\frac{1}{1780}$ ）	GHG	2,850 g	

出典：1) van Huis A (2013), *Annu. Rev. Entomol.*, 2) Chapagain A K *et al.* (2003), *Value of Water*, 3) Halloran A *et al.* (2017), *J. Clean. Prod.*, 4) Oonincx D G A B (2010), *Plos One* より引用

© FUTURENAUT INC.

出典：FUTURENAUT 株式会社

　2020 年に創業 100 周年を迎えた敷島製パン株式会社(Pasco)は、「Korogi Cafe（コオロギ カフェ）」シリーズとして、食用コオロギパウダーを使った「バゲット」、「フィナンシェ」、「バウムクーヘン」を発売しました（**図表 7.6.2**）。コンセプトは「食べて美味しい」です。

　食用コオロギパウダーは、群馬県の高崎経済大学発のベンチャー企業・FUTURENAUT（フューチャーノート）株式会社から供給を受けています（**図表 7.6.3**）。タイの食品製造管理基準の認証を受けた衛生的な食用コオロギ養殖場で、トウモロコシや大豆の配合飼料を用いて食用に養殖されたヨーロッパイエコオロギを使用しています。雑穀や炒ったナッツのような香りで、パンや菓子に使うと、味に深みが出ます。

　敷島製パンが SDGs 貢献への取組みを推進していく中で、持続可能な食料の安定供給に向けた活動の一環として、2017 年にフィンランドのメーカーがコオロギの粉末を練りこんだパンを発売したとの情報から、調査・研究を開始し、2019 年に FUTURENAUT と出会い、一緒に取組みを進めています。コオロギは、えびやカニに似た成分が含まれることから、アレルギー対策として、専用施設の「未来食 Labo」で生産をすることに

137

図表 7.6.2　コオロギのわくわくセット

出典：敷島製パン株式会社　　（2021 年 7 月時点）

図表 7.6.3　コオロギパウダー

出典：FUTURENAUT 株式会社

持続可能な
社会を目ざして | SUSTAINABLE DEVELOPMENT

より、他の商品へのコンタミを防いでいます。同社では、食用コオロギパウダー入りの商品を通じて、食生活に新しい食材を取入れたり、これからの食を考えたりする、良いきっかけになればと考えています。

　株式会社良品計画は、徳島大学発のベンチャー企業の株式会社グリラス（Gryllus Inc.）が提供する、国内で生産・管理されたコオロギをパウダーに加工した「食用コオロギパウダー」を活用し、タンパク質やビタミン、ミネラルなどを効率良く摂ることができる「コオロギせんべい」をネットと 200 店舗で販売しています。えびの味がする食べやすさが特徴です（**図表7.6.4**）。

図表 7.6.4　コオロギせんべい

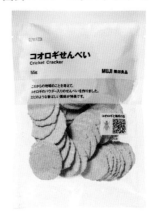

出典：株式会社良品計画

　コオロギパウダーの 6 〜 7 割はタンパク質でできており、残り 2 割は油分であり、その中には不飽和脂肪酸という身体にいい脂分が含まれています。ビタミンやミネラル、食物繊維も多く含んでいて、腸や便通にもいい、栄養素のバランスのとれた食品になっています。

　良品計画は、創業から「環境について徹底して考える」ことを進めてきました。いち早く SDGs を実践してきたといえます。良品計画が「コオロギせんべい」を発売するきっかけになったのは、2018 年 9 月にフィンランドからコオロギを使用した昆虫食が送られてきたのがきっかけです。ヨーロッパは昆虫食を食べる習慣がありませんが、環境意識が強いことから、昆虫食を広めようとしており、欧州食品安全機関（EFSA）が、冷凍・乾燥トノサマバッタについて、使用方法や容量を守る限り、食品として安全性に問題はないとする評価報告書を公表しています。

　翌年 5 月に商品開発担当者が同国を訪問し、コオロギの養殖をしているファームを訪問しました。帰国してから徳島大学を訪れ、グリラスからのパウダー提供とコオロギせんべいの開発を手がけました。コオロギは雑食で、廃棄された食品を餌にして飼育することもできます。フードロスを減らしながらコオロギを育成し、それを美味しく加工して、新たなタンパク質になるフードサイクルを実現しています。

139

持続可能な
社会を目ざして ｜ SUSTAINABLE DEVELOPMENT

Let's SDGs　7.7 細胞から始める 食料生産を目指す

　世界的な人口増加によって食料消費が増加しており、今後世界的な食料不足や食料費の高騰が危惧されています。将来的に人類が必要とするタンパク質の需要に対して、供給が追い付かなくなることが懸念されています。現在、食肉生産はトウモロコシや小麦などの穀物飼料で飼育した牛、豚、鶏などから食用肉を採取することで行われているため、食肉の増産には家畜飼料となる穀物の栽培も拡大させる必要があります。

　細胞農業とは、従来のように動物を飼育することなく、生物を構成している細胞そのものをその生物の体外で培養することによって行われる新しい生産の考え方です。その中でも、細胞培養で食肉をつくる「培養肉」が近年注目されています（**図表7.7.1**）。これまでの伝統的な農業に比べ、環境負荷が小さく、持続可能な食料生産方式として期待されています。

　世界的には、先進国を中心とした健康志向や食料不足・フードロスに対する問題意識の高まりがあります。その根底には、

図表7.7.1　培養食料ができるまで

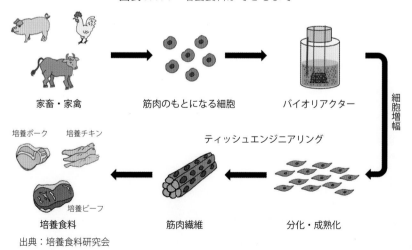

家畜・家禽　　　筋肉のもとになる細胞　　　バイオリアクター　　　細胞増幅

培養ポーク　培養チキン　　　　　ティッシュエンジニアリング

培養ビーフ

培養食料　　　　　筋肉繊維　　　　　分化・成熟化

出典：培養食料研究会

食や調理の本質的な価値を問う潮流である「サスティナブル・フード・ムーブメント（持続可能な食を確保するための運動)」があると考えられています。国土が狭く畜産が難しいシンガポールでは、2020 年 12 月に世界で初めて培養肉の販売が認可されました。米国でも培養肉認可に向けた検討が動き出しており、2040 年には培養肉市場は食肉市場の 1/3 になるとも言われています。

こういった背景のもと、日本でも積極的に細胞を培養して食肉を創出する研究が盛んになってきました。現在では、ティッシュエンジニアリング（組織工学）の技術を応用して従来の食品と同等のものを作製しようとする動きがトレンドになりつつあります。3D プリンティング技術で筋・脂肪・血管の繊維組織ファイバーを構築することで食感を高め、本物のステーキ肉

図表 7.7.2　細胞農業・水産業の今後の課題

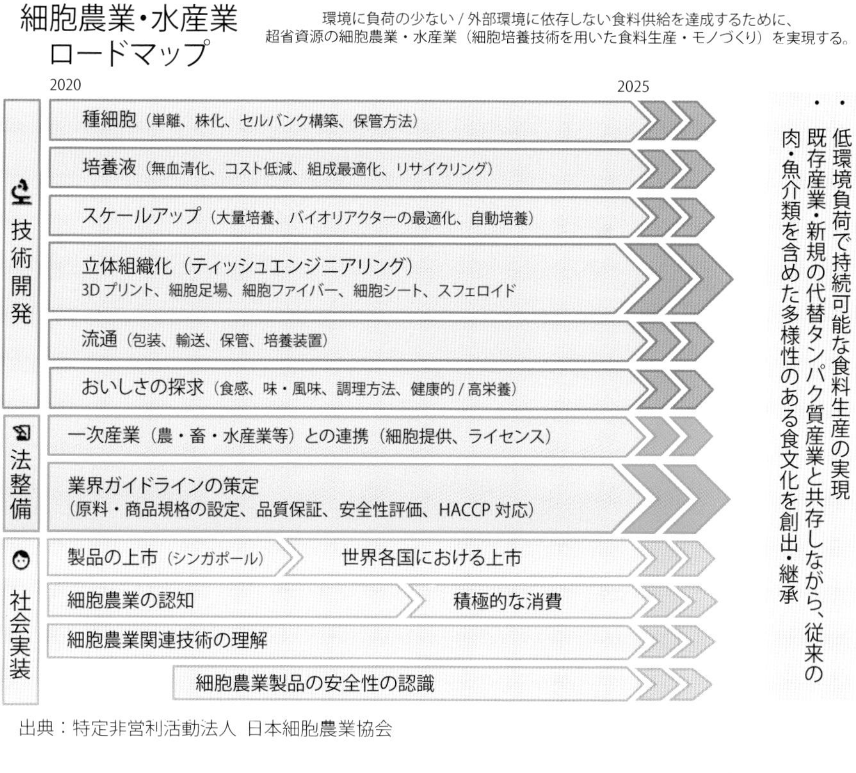

細胞農業・水産業 ロードマップ

環境に負荷の少ない / 外部環境に依存しない食料供給を達成するために、超省資源の細胞農業・水産業（細胞培養技術を用いた食料生産・モノづくり）を実現する。

2020　　　　　　　　　　　　　　　　　　　　　　　　2025

技術開発

- 種細胞（単離、株化、セルバンク構築、保管方法）
- 培養液（無血清化、コスト低減、組成最適化、リサイクリング）
- スケールアップ（大量培養、バイオリアクターの最適化、自動培養）
- 立体組織化（ティッシュエンジニアリング）3D プリント、細胞足場、細胞ファイバー、細胞シート、スフェロイド
- 流通（包装、輸送、保管、培養装置）
- おいしさの探求（食感、味・風味、調理方法、健康的 / 高栄養）

法整備

- 一次産業（農・畜・水産業等）との連携（細胞提供、ライセンス）
- 業界ガイドラインの策定（原料・商品規格の設定、品質保証、安全性評価、HACCP 対応）

社会実装

- 製品の上市（シンガポール）　世界各国における上市
- 細胞農業の認知　積極的な消費
- 細胞農業関連技術の理解
- 細胞農業製品の安全性の認識

低環境負荷で持続可能な食料生産の実現　既存産業・新規の代替タンパク質産業と共存しながら、従来の肉・魚介類を含めた多様性のある食文化を創出・継承

出典：特定非営利活動法人 日本細胞農業協会

141

持続可能な社会を目ざして | SUSTAINABLE DEVELOPMENT

のような質感を創る技術の開発が進んでいます。

　日本では、実際に食するに足る培養食料を作り出すためには、これまでの細胞培養技術に加え、栄養価、味、価格を意識した新たな技術革新が必要であり、安全面を含む培養食料の評価基準も科学的根拠に基づいて検討していく必要があります。また、新規参入する際の指針や、技術に対する情報公開、生産から流通までの全体を見据えたルール作りなど、細胞農業が社会全体の利益になる形で実現するには解決すべき課題が多くあります。これらをまとめたのが、細胞農業・水産業の今後の課題を表したロードマップです（**図表 7.7.2**）。

　また、培養食料の作製に取組んでいる、または関心のある研究者が集い、培養食料関連技術の進歩と安全安心そして美味しい培養食料を早期に食卓に届けることを目的として、2019 年に培養食料研究会が設立されました。2021 年 8 月には、同研究会と日本細胞農業協会が共催で「第 3 回細胞農業会議」が開催され、大学・公的研究機関や民間企業などの研究者やこれからの研究を担っていく学生が参加し、細胞農業にまつわる技術・ルール形成に関する課題が話し合われました。これらの活動により、将来的な食料不足の問題を解決し、持続可能な地球環境に資する食の共創に貢献することを目指しています。

● 著者紹介
山崎　康夫（やまざき　やすお）

1979 年　早稲田大学理工学部 卒業
1983 年　オリンパス光学工業株式会社 入社
1997 年　社団法人 中部産業連盟 入職
　　　　主に食品製造業に対して、ISO9001、HACCP、FSSC22000、有機 JAS、
　　　　新工場建設、生産性向上、工場活性化などの講演・指導に従事
2002 年　東京造形大学 非常勤講師 経営計画専攻
現　在　一般社団法人 中部産業連盟 理事 東京事業部長 主幹コンサルタント

全日本能率連盟認定マスター・マネジメント・コンサルタント
JFS-A/B 規格 監査員および判定員
中小企業診断士（東京協会三多摩支部所属）
日本経営診断学会所属
日本品質管理学会所属

　本著書についての問合せは、yamazaki@chusanren.or.jp
　または、cqb02027@nifty.ne.jp

SDGs で始まる新しい食のイノベーション

2021 年 11 月 20 日　初版第 1 刷　発行

著　　者　山崎康夫
発 行 者　田中直樹
発行所　株式会社　幸書房

〒 101-0051　東京都千代田区神田神保町 2-7
TEL 03-3512-0165　FAX 03-3512-0166
URL　http://www.saiwaishobo.co.jp

装幀：クリエイティブ・コンセプト　松田晴夫
組　版　デジプロ
印　刷　シナノ

ISBN 978-4-7821-0460-6　C3058